混材设计学

实 用 宝 典

不同材质混搭创意 启发空间设计灵感

漂亮家居编辑部 著

江苏凤凰文艺出版社
JIANGSU PHOENIX LITERATURE AND ART PUBLISHING, LTD

第1章 木材

第2章 石材

第3章 砖材

第4章 水泥

第5章 环氧树脂

第6章 金属

附录

第1章

木材

百搭、不出错的常用建材

木 × 石

木 × 砖

木 × 水泥

木 × 金属

木 × 板材

木 × 磐多魔

多变自然纹理、
温润触感打造休闲居家生活。

图片提供_泛得设计

天然木资源匮乏
以实木皮展现原木肌理纹路

木 材运用

趋 势

通过鹅卵石和废木两种复合材质与仿旧衍生概念设计，将田野气息引入家居空间。
图片提供＿云邑室内设计

散发着温润质朴气息的木材，一直是家居空间不可缺少的基础材质，由于施工方便，因此广泛用于家居空间。休闲居家风潮兴起，家被视为忙碌的现代人下班后重要的休憩场所，加上大环境的影响，也带来一股生活回归自然本质的风潮，因此能将人从压力中释放出来的木材，近年来受欢迎的程度更胜以往。由于森林资源严重匮乏，原木价格也随之节节攀升，为了能够拥有各种树木的天然纹理，人们开始寻找替代建材，将实木削成不同厚度的木皮薄片，再将木皮贴于木料表面运用于家居空间之中，是目前最能保有木材自然纹理的做法，同时也能减少原木资源的使用。制作成实木木皮的常见木种有橡木、柚木、梧桐木、栓木、栲木、胡桃木等。

回归自然的风潮兴起

不同海拔地域环境养成多样的树种，而木材有趣的地方正是其多变丰富的木纹及深浅的色泽表现。以前人们喜爱完美无瑕疵的木材质感，追求木纹对比反差小、表面平整的木材，并且施工时木纹还需方向一致，然而过于讲究呈现工整对纹，不但容易造成木料的浪费，也难免使空间略显呆板单调。近年来人们的环保意识增强，愈来愈了解略有差异的木纹和色泽皆为树木自然成长的表现，不再刻意追求花纹的完美表现，反而希望选择纹理不规则、对比明显的木材，或者混合搭配不同特色木纹的木材，拼贴出独特的艺术图腾。

延续贴近自然环境的空间潮流，人们除了注重不同树种的木纹表现，也进一步以现代技术处理木材表面，创造出更加丰富的木材质感变化。例如风化板是以滚轮状钢刷机器磨除木材纹理中较软部位，以增强木材的触感质地与鲜明纹理，近年来获得人们的青睐。回收二手旧木是另一种环保的木材使用方式，利用拆除自废弃旧房舍的梁柱、门窗、壁板、地板等木构造，经过清洗、拔钉、去漆、打磨等步骤，再依新空间需求再次搭配利用，能够营造出怀旧的空间特色。而早期常用作结构的夹板，近年来也因为要表现原始纯粹的居家质感而被直接运用，大多挑选表面较为细致、木纹较清晰的木夹板，并不再加以上漆或贴木皮装饰，让结构即为完成面。这种表现手法目前在中国台湾、日本及韩国等一些国家和地区都很流行。

胡桃实木表面钢烤铺陈的玄关墙、厨房转折进卧房区的天然涂布橡木墙，还有透过茶色玻璃看到的起居室胡桃木墙，木质在开放空间里以不同质感出现，展现木材的多元、变化。
图片提供_非关设计

色泽、纹理表现丰富
轻易创造多元居家风貌

木 材 解 析

特 色

以风化梧桐木、缎翅木、柚木制作的客厅背景墙，使用整块原木裁切的木皮，表面做出立体感，宛如一件浮雕作品。
图片提供_PartiDesign Studio

天然的木材不但触感温暖，更散发出原木的天然香气，而树木制成木料后仍具有调节温湿度的特性，当空气湿度过高时能吸收多余水汽，反之则会释放水汽，因而能打造出温馨舒适的居住环境。树木的种类多样，不同树种皆拥有独一无二的肌理纹路及色泽质感，而且包容性强，可轻易搭配各种不同材质（石材、铁件等），营造独特的空间风格，同时木材施工容易，无论是塑形还是表面处理（上色、上漆、风化、贴皮等），技术也都发展得相当成熟，因此在居家之中运用层面相当广泛，包括地面、天花板、壁面或柜体甚至制作成家具，呈现出多元风格面貌，在家居空间中相当受欢迎。然而木材怕潮湿也不耐撞，因此使用木材时防潮防水工作一定要做好，选择经过良好加工处理的木材，以免发生因潮湿而变形的现象，平时使用时则要特别注意避免遭硬物撞击。

优点

取之于自然树木的木材具有吸收与释放水汽的特性，能维持室内的温度和湿度，加上木材所具有的天然气息，因此能营造出健康舒适的居家环境；由于木材取材及施工较为容易，加上纹路颜色富于变化，是可塑性极高又能展现多样风格的材料。

缺点

如果居室处于温湿度较高的环境，或者空间本身没有做好防潮处理，木材很可能会发生难以处理的发霉及翘曲变形的现象，甚至会生出令人头痛的白蚁，因此空间采用木材时，防潮除湿的工作绝不能忽略。木材的另一个缺点是不耐刮，要尽量避免尖锐物品刮伤表面，例如搬动家具时务必抬起再移动，以免在木地板上留下搬移的痕迹。

搭配技巧

·空间　木材本身温暖的特性，非常适用于讲求休闲舒适的家居空间，常用于客厅、书房、卧房的墙面及地面，或者柜体门板及天花板等。因为木材不耐潮、不耐撞，较不适合使用在厨房及卫浴。由于木材种类相当丰富，在选用木材之前不妨先了解其质地及特色，以便更好地呈现心目中理想的木空间。

·风格　依照不同树种的色泽、木纹能搭配营造不同的空间感受，例如柚木、桧木或者胡桃木色泽较沉稳，适合表现日式禅风；而栓木、橡木、梧桐木等纹路自然，可以用来表现休闲、现代等居家风格。

·材质表现　一般来说木材经过简单的表面处理，以呈现天然木纹为主要表现，也可通过加工处理打造不同的木质效果，如以钢刷做出风化效果的纹路，或是染色、刷白、炭烤、仿旧等处理也很常见。

·颜色　木材颜色搭配没有绝对的公式或标准，但不同深浅的木材的确能表现不同的空间感觉，常见木皮颜色由浅到深，有樱桃木、枫木、榉木、水曲柳、白橡、红橡、柚木、花梨木、胡桃木、黑檀等几种。大致来说浅色木材料能表现清爽的北欧空间感或现代简约的日式感，而深色的木材能表现具有休闲感的东南亚风情或者典雅的中国情调。

借由不同的拼贴方式，也能给予木材更多不一样的表情。
图片提供＿六相设计

木材混搭

木 × 石

现代人生活步调紧凑、工作忙碌，加上身处水泥丛林的都市生活中，与大自然逐渐疏离，因此，许多人在回到居室后特别渴望能拥有一个无压力的私人天地。为落实这一设计目标，自然材质长期以来就是家居空间的主流建材，其中又以触感与纹路均能展现柔和感的木材质最受欢迎。而同样深受人们喜爱的石材则是另一自然材质的代表，如鬼斧神工般的艺术纹路，加上稳重、坚固的质地感，常被用来突显空间的安定性与尊贵感。除了天然石材，还有如文化石与抿石子、磨石子等人工石材可供选择，也能展现不同情调与风格。

由于木质与石材都是天然材料，无论是种类还是自身的纹路变化都相当丰富，二者交互混搭后则可变化出深、浅、浓、淡各种氛围，同时木材质还可以通过染色、烤漆、熏染、钢刷面、复古面等各种处理来增加细腻质感与色调。至于石材则可在切面上做设计，让石材呈现出或粗犷或光洁等不同表情。综合种种，木与石的混搭基本上是最能营造出自然、舒适空间的搭配组合。

木与石都是天然材料，种类与自身纹路变化丰富多样，二者交互混搭后可变化出深、浅、浓、淡各种空间氛围。
图片提供__近境制作

施工方式

图片提供＿近境制作

木 × 天然石材

木作是室内装修中的大项目，也是支撑许多设计的结构主体，而天然石材则多半作为装饰面。此外，需要考虑的是一般石材本身较为脆弱，在施工过程中容易刮伤、碰损而需要更多维护，加上石材价位高于木材，而且木材修补上较方便，但石材修护较困难，所以工序上会优先进行木材的施工，待完成后再来做石材的铺贴，甚至最常见的石材电视墙也是先以木作角料做结构，再做固定施工。

木 × 磨石子、抿石子、文化石

磨石子、抿石子与文化石的施工方式则与天然石材不同，其做法属于泥作类的工法，加上这类材质很容易维护，不需担心会有受损破坏的问题。因此，施工的顺序通常会排在木材之前，而且这类石材若与木材直接结合，有可能需要利用五金来强化结构，同时也要特别注意二者之间点、线、面的接合处，并借由尺度的精准来呈现设计的细腻度。

收边技巧

木 × 天然石材

木材与天然石材施工的收边技巧，最重要的就是注意精准度，尤其是收边的接缝处要讲究密合度与平整度，最好用手触摸感受触感，避免有凹凸不平的现象或者刮伤皮肤。较讲究的收边做法是在石材上以水刀切割倒出圆角，展现出细致的做工，而且切割与拼接的角度都要精准，如此才能确保设计与施工的质量。至于实木同样也需做出倒角，而木地板的收边则可运用包边条或压条来处理。

木 × 磨石子、抿石子、文化石

磨石子或抿石子是以前洋房室内、户外常用材料，除了平铺的设计，还会以人工创造出线条或图案，而在收边的技法上要注意转角的平整度。若是抿石子则要考虑碎石的形状，以圆润、扁平为佳，少用尖角的石子，以免发生掉落、割伤的问题。

文化石的工法及收边类似于瓷砖，需注意表面的完整性，避免不当切割造成画面的突兀。另外若墙面为落地设计，可在下方做踢脚板设计，以避免因文化石的粗糙表面而发生碰撞的危险。

计价建议

石材：多以面积计价，使用石材的种类不同，价格的计算也有所差异。

木材：以片、面积计价，需依据使用的不同木材计算价格。

木 × 石

空间应用

不同材质共同展现仿旧年代氛围

大面积延伸的烟熏文化石模拟古红砖的沧桑感，斑驳的超耐磨木地板就像是踩下去会咯吱作响的老旧木地面。虽然材质质地不同，但利用同样具有历史年代感的元素，为空间营造出独特的仿旧年代氛围。空间设计暨图片提供_浩室设计

不规则兰姆石墙纹理自然生动

客厅背景墙以兰姆石组成，并呈现不规则的排列组合，相较于大块兰姆石墙的完整性，裁切加工过程更费工时，但也让兰姆石纹理更加自然生动。加上兰姆石厚薄不一，背景墙形成些微的进出面，增添了空间立体感，调和了空间留白的冰冷感。图片提供_相即设计

阳光照射下的木、石材质，呈现更生动的光影

在入口与餐厅的轴线上，用岩壁般的石皮墙取代冰冷的建筑立面，将阳台内推，兼之玻璃隔墙的透明设计，弱化室内外的界线；加上L形开窗引入更多方向的光源，使得室内墙面与地面的木、石材质获得阳光照射，也使室内的自然光影更加生动。图片提供_近境制作

板岩石片营造度假气氛

电视墙腰带采用板岩石片堆砌而成，是墙面空间设计的重点所在，营造出度假氛围。搭配壁柜之后，除了可避免使用太多石片，更能产生漂浮起来的轻巧感，并与矮柜交互作用，随着光影变化增加生活的温度。图片提供_相即设计

拼接的细节，创造出更多设计美感

愈是开阔自由的空间，愈应该注重设计细节。为了让开放的大厅有内外区隔，地面以同色系石材与木地板拼贴，隐约区隔出玄关与餐厅，搭配轻盈的铁件吊台营造出层次变化。此外，木地板与墙面石皮之间也以部分镜面材质间隔，如此设计让地面的视线向镜内延伸，创造更宽广的空间感。图片提供＿近境制作

圣诞树造型石墙

善用隐藏技巧

以石材展现客厅的大气，设计特别用心之处在于，整个墙面拼贴像是圣诞树的造型，并且为了保持墙面的完整性，墙面不加装电视机，改为采用隐藏式投影幕。另外电视墙经常搭配的电器收纳柜则以黑色带状的内凹槽取而代之，因此在选择DVD等影音设备时，以黑色样式为宜。图片提供_相即设计

内推阳台纳入更多石材、

木材与自然元素

因期望在城市中也能享有自然光影，刻意将阳台做内推，给自然让出更多空间，也让屋主可以真正走进自然景域中。为此设计师在阳台安排了石皮岩片、实木条与木地板的铺陈，使天、地、壁更贴近自然的真实表情。再加上触手可及的植物、石、风、光影等元素，谁说城市只有"鸽子笼"呢？图片提供_近境制作

粗犷石墙与生动木结
勾起自然界的对话

开放自由的大厅随着石墙餐厅与木墙电视吧台两大主题，做双轴展开的精彩排列，这足以分庭抗礼的两大主轴，单独看来均已足够经典，而共聚一室时又能如此相得益彰，主要在于材质的挑选，粗犷而原始的石皮恰好与灵动活泼的橡木木结产生对话，引领居住者进入自然、舒适的和谐境界。图片提供_近境制作

木石反衬，勾勒出空间温度与质感

为了让卧房具有舒眠减压的空间效果，在卧眠区除了铺以深色木质地板外，透过屏风玻璃引进隐约光线，还适度摆设原木艺术作品。而转入卫浴区则改用冷调的石纹铺设墙面、地面，通过材质转换达到明确分区及冷暖反衬的设计效果。图片提供_近境制作

灰色文化石墙别致低调

常见的文化石多以砖红色营造传统的砖墙形式，抑或以白色文化石带出北欧简约风格，这个空间则是挑选了灰色文化石，展现屋主个性化的一面。图片提供_相即设计

以清新木石色调做底，衬托出食物美色

利用一个白栓木集成材打造的中岛吧台，作为工作区与用餐区的界定点，同时以银狐白石材包覆简约的ㄇ字形大餐桌，让木与石的清新色调衬托食物美色，并可与厨房内墨绿、紫红的橱柜色调搭配，呈现时尚优雅美感。图片提供_邑舍设计

原木搭配文化石墙，营造暖调家居空间

考虑到家有猫咪，选用抗磨损超耐磨地板，并将旧式排气孔改为猫掌造型增添趣味。立面采用文化石与钢刷橡木营造拙朴、悠闲的风格。文化石窑烧后会残留些许粉尘，铺贴完成再喷一道白色乳胶漆就能化解污染问题。安装开关面板前，也预先在实墙钉出框架，避免在石面上打洞可能造成的不平整。图片提供_杰玛设计

木 × 石

回归纯粹，异材质成就家的个性与味道

房屋状况

地点：台湾新北市

面积：约150 m²

混搭建材：磨石子、胡桃木皮、栓木皮、柚木

其他材料：实木地板、涂料、清玻璃、镀锌铁板、白色长形瓷砖

文 / 余佩桦

空间设计暨图片提供 / 开物设计 Ahead Design

纷扰的世界让人渴望回归宁静与纯粹，特别是在回家之后，简单不造作的生活空间能让人放下一切，轻松自在地生活。这间位于新北市的个案，屋主的身份特别，是水泥文创产品的设计师，在规划前就期盼能在不过度装饰下完成装修。于是本案设计师杨竣淞试图从贴近屋主的生活需求入手来做规划，可以看到空间中没有刻意使用装饰材料来修饰，天花板没有特别做包覆，自然裸露横梁、消防水管、冷气管等，通过涂料修饰，同一色调赋予天花板自然的味道。

为了降低空间的复杂感，设计师以色块概念来做诠释，所以空间会出现连续的材质平面，在这样的表现下，材质作为最直接的装饰，也带出独特的触感与况味。最明显的例子就是在客餐厅区，运用磨石子呈现出一个面宽近10 m的墙面，独特的施工技术不但没有分割墙面，同时还能因材质本身、施工力道，制造出深浅不一且自然的肌理与色泽。

大面积磨石子墙的表现，对应而生的则是以实木、木皮所呈现的地面与其他墙面，设计师说，担心空间过于冰冷，于是借由木质的温润来平衡整体空间。无论是实木还是木皮，以最简单的拼贴工法，将木材质最自然的纹理呈现出来。空间中也特别做了许多留白，让屋主不只可以用家具铺陈整体，也能将自己的收藏小物摆放其中，打造家的个性与生活味道。

1

① **人字拼贴突显最纯粹的材质感** 为呼应整体空间风格，地面材质以柚木实木地板为主，刻意不加任何颜色，就是要突显天然的色泽。使用人字拼贴手法，使地板成为空间醒目的主角，展现最纯粹的材质感。

② **块状呈现连续的材质平面** 空间以不同材质做铺陈，色块制造出连续的平面。要制造这样的效果，对应材质也有不同做法，为了让磨石子能大面积呈现，除了水泥、石子外，还增加了黏着剂的用量，提升黏性也能减少裂痕的产生。至于木质部分则是做等分切割，让纹理、色泽有秩序地展现，而不会增加凌乱感。

2

③ 不同方式让材质接轨形成另类收边 不同材质交互在一起，做工是否精细主要看收边处理。设计者在天花板与磨石子墙之间，采用预留2 cm空间的方式，取代烦琐的收边处理。当磨石子墙与实木地板接轨时，则是采用上胶接合。不同的处理方式，却能做到同样细致的表现。

④ 涂料强化不包覆与裸露特色 天花板、管线都以不包覆形式来呈现，一来维持空间的宽阔感，二来也能符合屋主减少装饰的需求。为了让天花板看起来更有一致感，管线特别刷上白色涂料，视觉上多了几分趣味，也让向来硬冷的管线有了不一样的变化。

⑤ **复古家具带出朴实的老派味道** 空间中的家具多半是屋主的收藏，如皮革沙发、铁制餐椅等，这些都带有几分复古味道，简洁干净的色系、造型与材质，与整体风格很契合，甚至还带出了朴实的老派味道。

⑥ **大面积的单一材质塑造色调一致感** 卧房里的墙面、地板都以木材料为主，这样大面积的单一材质呈现，可以塑造出统一的色调感，当摆入其他家具时，能够发挥出大地色系的稳定效果。

5

6

7

8

⑦ **玻璃拉门创造弹性隔间** 为了保有空间的独立与私密性，特别以拉门来做空间之间的界定，不但能创造弹性隔间，也能制造出不一样的空间效果。拉门以铁件结合玻璃为主，即使玻璃拉门隔间拉起时，室内明亮度依然能维持。

⑧ **利落材质烘托不造作的设计感** 仔细看，会发现厨房墙面运用了两种材质，一侧的烹调区以白色长形瓷砖为主，另一侧的洗手槽区则以清玻璃为主，通过简单的分割线条表现，创造不一样的视觉效果，也加强了不造作的设计味道。

⑨ **镀锌板做外包覆，让柱子既美观又实用** 再普通不过的镀锌板经过打孔洞处理后，在两侧做了拗折处理，就像外衣一般黏贴于柱体上。由于镀锌板上有孔洞，因此可以作为另类展示墙，挂画、收藏小物都不是难题，兼具美观与实用功能。

⑩ **将无距离感材质概念延伸至餐桌椅上** 或许是因为屋主为水泥文创品设计师，所收藏的家具在材质上触感丰富且没有距离感。餐桌就是木与不锈钢的结合，对应两侧的餐椅均是铁件材质，其中一款在椅背、座椅上加入木片，彼此相融、毫不突兀，也展现了不同材质混合的美感。

木材混搭

木 × 砖

木材天然且表面具有纹理，在视觉和触觉上，具有舒压效果与温润质感，因此受到很多人的喜爱，被广泛地用于家居空间。砖材之于空间的使用，则仍停留在过去运用于地面，或者较容易潮湿的厨房、卫浴等空间的印象。其实，随着印刷技术的演进，砖的种类与花色有了更多选择，运用手法更是跳脱过去的框架，有了更加多元化的发挥。

至于木材和砖材这两种不同材质，如何在同一空间里和谐并存，需先从确立空间风格开始。例如：质朴的陶砖与木材做搭配，最能展现具有田园气息的乡村风；喜欢自然元素，又希望与乡村风做出区隔，则可以选用仿石类型的砖材与木材做搭配，为空间注入温润舒适的自然气息；表面带有光泽的瓷砖具有反光效果，适合线条利落的现代感空间；过去作为结构体的红砖，现在也逐渐倾向不再多做加工，而是借由其朴拙的特性与木材共同演绎具有历史感的复古味道。

木和砖的搭配除了考虑面料与材质外，砖材的尺寸大小与拼贴方式也是展现空间风格的重要一环，借由设计师的巧思，有更加多样的组合与运用，也让木与砖的空间搭配更为精彩。

不多加修饰的粗犷红砖墙搭配天然的木材，为整体空间营造出自然、质朴的感觉。
图片提供_东江斋空间设计
摄影_王振华

施工方式

砖的材质及呈现方式，大致分为两类。一类是透心石英砖，运用单一材质，一开始就与色料混合好，整片砖配方从一而终，比如固定加入石英、云母类或复合其他材质，一次经过混料、压制、烧结与加工完成，如马赛克、抛光石英砖。另一类是不透心砖，表面为施釉型的，也可再做一次加工或二次下料，或经过施釉、上釉的着色处理，如瓷砖及石英砖等，可依据家居空间风格自行选择适当的砖材。虽不会因砖的材质而影响施工方式，但却会依砖材贴覆的位置而有施工方式的差异。一般若贴覆于墙面，大多会使用干式施工，增加其附着力，避免有掉落的危险。至于地面的砖材则没有掉落的危险，因此大多采用湿式施工。当砖材与木材做搭配时，因砖属于泥作工程，因此通常先进行砖材施工，再进行木作，二者若同时作为地面建材搭配时，铺砖工程完成后，木地板需配合砖的高度施工，以维持地面的平整。

收边方式

由于施工顺序关系，通常在木和砖的交接处，由木材以收边条做收边处理。收边条的材质目前有PVC 塑钢、铝合金、不锈钢、纯铜、钛金等，考虑到木材的搭配性，也可以选用木贴皮或者实木收边，看起来更为美观与协调。

计价建议

砖：依据砖的款式及产地不同，含工带料一并计算。

木：视使用种类计价。

木 × 砖

空间应用

异中求同，感受对比魅力

超耐磨地板因连接了公共和私密区域，所以应用占比略高。加上壁炉采用类似国画线条的泼墨山水石，更让深色印象占了上风。而铺贴浅色复古砖的餐厨区，结合了木质感厨具，又有仿真石纹呼应，清新可人。客、餐厅通过对比，在开放区域中各领风骚，却又借材料纹理质感归同于自然主题中，动静皆宜的空间魅力不言而喻。图片提供_尚艺设计

1/3 比重，让砖与木共构优美餐柜

为了修饰顶部大梁，利用对称造型餐柜转移视觉焦点。方正的结构体，先以白色与清玻璃两种元素降低柜体厚重感，再于中央镶嵌一堵橘色系砖板，呈现材质的对比。呼应花砖纹理，台面使用拼接效果明显的集成木增加实用性，灯罩式层板除了加强造型的层次变化，也让柜体更显轻盈。图片提供_尼奥设计

新旧交融激荡冲突美感

商业空间以双层复合式结构组成，营造出类似戏剧舞台的空间效果。二楼利用红砖墙搭配拱窗，与建筑物本身外露的结构钢梁、人字拼贴木地板共同营造出浓厚的怀旧氛围。同时搭配交叉造型的黑铁件玻璃围栏，使整体空间多了些许的现代感。图片提供＿泛得设计

红砖与木材组合，营造怀旧氛围

沙发背景墙砌好红砖后，便不再填缝，而是保留原有的沟缝，通过红砖墙的自然原始质感，与木地板的自然元素做衔接，营造出温暖的复古怀旧氛围。空间设计_韦辰设计

多一块，地面衔接更完美

开放式餐厨区利用喷金属漆并缀饰八角螺丝的手法突显大梁，自然形成两区分界。地面以略带反光质感的石英砖铺陈，辅以铁件框边的清玻璃拉门，与铺设海岛型地板的书房做出区隔。收边时刻意往外多铺出一块木地板，不仅能扩充书房的宽敞视觉感，也让砖地面多了框边效果。图片提供_杰玛设计

白色与镜面，
让花砖地清爽宜人

为使空间浓淡有致，立面采用纯白木板材与藤色涂料墙面搭配，伴随镜面延展景深，迎入明亮光线，营造开阔氛围。地面采用明黄色系地砖与超耐磨地板相衔接，使浅色居室多了几分稳重感；而锦簇的拼花图纹，则为美式古典风格注入了更多柔美气息。图片提供_尼奥设计

冷色厨房以彩砖
点缀出温暖感

厨房延续客厅区风格，将蓝色复古陶砖及灰绿色板材引入其中，砖与木皆带有灰的色调，不但使空间有沉稳感，也耐脏。柜体中间墙面，以女主人喜爱的进口小花砖为设计重点，再延伸出素面的彩砖作为周边搭配，佐以黄色嵌灯的柔化，为冷色系厨房增添温暖感。图片提供_尼奥设计

木材混搭

木 × 水泥

木材和水泥基本上是构成空间的结构材料，却有着截然不同的性质：来自树木的木材质地温和、纹理丰富，给人温暖放松的感觉；自石灰岩开采制成的水泥成形后质感冰冷，传递永恒宁静的氛围。这两种材料皆取自自然，虽然质地不同，却同样散发出朴实无华的气息。灰色的水泥若表面没有任何装饰材料，呈现一种未完工的感觉，早期并不为大众接受，受近年来工业风、LOFT风等讲求朴实、不刻意修饰的空间风格潮流影响，水泥原始质朴的色泽反而广受喜爱。

若就水泥的表现特性来说，运用在家居空间之中过于冷静理性，加上水泥施工有一定的难度，对于细节表现的灵活要求常不尽理想，因此与自然温暖的木材搭配，正好中和自身的冰冷感，并可弥补不足。一般来说水泥因施工工法需架设板模灌浆塑形，适合大面积或块体使用，因此大多运用在墙面、地面及台面。而木材施工较容易，变化也较灵活，大多以柜体、门板及家具的形式与水泥搭配，调合出单纯朴实的现代空间感。

木材和水泥这两种材料皆取自自然，虽然质地不同，却同样散发出纯朴无华的气息。
摄影_Yvonne

施工方式

木材运用的层面广泛，目前为了保证施工及运送方便，大部分都先制成一定规格尺寸的基础板材，然后再进行后续的加工，除了实木是将树木直接锯切成木板或木条加以运用，其他合成板大多需要制作成形再贴皮使用。

视水泥的呈现效果及施工位置，加入不同比例的水、砂、石混合成混凝土再加以运用，作为空间结构或台面时需经过制作模型、灌浆浇制、拆模等成形工序，由于水泥隐藏不可控制变量，制作家具或台面必须讲求设计及施工的精准度。在地面施工时，要注意施工前的清洁及基地的湿度、粗胚打底和粉光层的厚度等施工细节。

了解了木材和水泥的特性后，即可明白这两种材料的搭配施工的先后顺序。由于水泥施工难度高，修改调整灵活度低，大致上来说应先施工水泥部分再施工木材部分。施工前需详细规划施工步骤，精算并预留接合木材的位置尺寸，等到拆模后才会有完美的效果。

收边技巧

以水泥制作家具或台面一般会采用清水模工法施工，为了让水泥结构作为完成面，台面大多有精准的转角切面收边，若是在水平面预留与木材接合的位置，会将预制的木作以胶合方式与水泥贴合，与木作切面完整贴齐，呈现材质原始接面，不刻意收边。

木地板随气温或湿度自然收缩膨胀，因此在水泥地面上进行木地板施工时会预留8 ~ 10 mm的伸缩缝，收边的主要目的是美化木地板预留的伸缩缝。木地板大致有以下3种收边方式。①填缝剂：防潮性较好，边角等小角度收边容易，但无下压性，适用较平整的地面，在8 ~ 10 mm伸缩缝上采用填缝剂衔接墙面与地面，质感和色泽上会有些微落差，尽可能搭配与木板或墙面相近的颜色。②踢脚板：材质上分为塑料、木质和发泡，具有良好的下压固定性，使地板收边较为扎实，遇到柜子则无法使用踢脚板，因为会破坏整体。塑料踢脚板弹性较佳，遇到不平整墙面贴合度较好，木质踢脚板因为没有弹性，适合用于整平过的水泥粉光地面及墙面。③收边条：收边较细致，适用于全室地面，遇到柜体周围也能收边，但下压性没有踢脚板那么好，因此也适用于平整的水泥粉光地面及墙面。如果遇到稍微歪斜的水泥墙面，可用透明填缝剂填补。

计价建议

水泥：含工带料，不包含地面的事先修整费用。

木材：大多以面积计价，依据木种不同而有价格上的差异。

空间应用

大尺度让 LOFT 居室气势更磅礴

利用大面积的水泥粉光地板衬底，屋顶部分则刻意涂黑，再加上6根木梁，最后融入三大片仿旧仓库概念的杉木门片，住宅立刻有了乡野风味。而舍弃细琐、加大尺度的规划手法，不但成功保留了宽阔感，也让空间利用蕴含更多可能。图片提供＿尚艺设计

泥色与黑白，打造裸妆空间

先以水泥墙面与地板做铺陈，打造一处无多余色彩的裸妆环境，实现屋主对于简单空间的向往。接着在偌大墙面上以黑、白色烤漆的木板做纵横双向交错设计，特别是以厚实的纵向木板嵌入墙面，再将横向板以不接墙方式跨在白色木板上，好让上端光线流泻而下。图片提供＿邑舍设计

木 × 水泥

混材勾勒出精致艺术的颓废表情

房屋状况

地点：台湾台北市

面积：约240 m²

混搭建材：实木、废木料、清水模

其他材料：木皮、铁板、玻璃、H形钢、磐多魔

文 / 蔡铭江

空间设计暨图片提供 / 云邑室内设计

居室彰显了工业风格，却又融合了现代感十足、带有缤纷色彩的家具。这间坐落于台北市的跃层空间，融合了许多设计元素。设计师大胆创造出自然不做作的原始墙面，并巧妙地运用灯光与线条元素，让这座有着十多年房龄的房子，散发着一股独特的美学气息。

整个一楼空间为半开放式的公共区域，包含客厅、餐厅、书房和厨房，为了使客厅的光线充足，设计师以清水模作为墙面，再以玻璃和铁包木皮打造了一个质感十足的楼梯。通透的玻璃材质，让光线可以恣意流动。由于屋主喜爱工业风格，设计师以石材、木料来呈现工业面貌。客厅的工业风一路延伸至餐厅，以一片有锈感的三角铁板丰富了天花板的层次，让线条更具立体感。

书房的一片三角窗有着良好采光，用活动折门与餐厅分隔开，将书房的光线引入餐厅区。活动折门，采用雾面透光材质，光线透过折门产生剪影，增添空间的美感与趣味性。走进书房，是一片鹅卵石铺陈的墙面，天花板用几根废木料来打破有秩序且甜美的乡村风格，体现了浓郁的乡野气息。

二楼是极为典雅的英式氛围，廊道以整个系列的线板从地板延伸至天花板，廊道尽头是一个较为狭小的私人领域起居空间，设计师设计时使红砖裸露，再刷上3 ~ 4层的颜色，与一楼偏于灰色的色调相比，二楼所呈现出的是屋主的生活精致度，再搭配灯光情境的展现，打造出多变的、具有电影场景般的美好居室。

① **粗犷与轻盈材质结合，展现空间的豪放与细腻** 以清水模铺上整片主题墙面，楼梯顶端以H形钢让空间变得有力道，搭配玻璃材质的楼梯扶手，呈现空间的细致感。

② **大胆让铁件成为天花板的焦点，用木质平衡空间温度** 打破天花板只能运用线板的传统设计，以一片锈蚀铁片作为天花板的主要部分，再搭配木材质让空间取得视觉与温度上的平衡。而在软件搭配上，以轻铝材质的餐椅平衡天花板的重铁件，在天花板刻意不协调的架设中，展现出整个餐厅空间的强烈工业风视觉感。

③ **红砖与线板营造出英式小酒馆风格** 二楼的私人领域空间，大量运用具有质感的英式线板组成长廊，而起居空间运用大量红砖，让氛围彻底脱离工业风格，带出浓郁的英伦小酒馆氛围。

④ **清水模与铁件，让客厅大气利落** 客厅由于具有挑高空间的良好采光条件，以大量清水模与H形钢条来打造公共空间的利落线条，而楼梯板使用木材质，让屋主在去往二楼私人领域的过程中，通过脚底的触感放松身心。

⑤ **雾面玻璃与木材质让开放空间更有动感** 在书房的门板上，设计师以雾面玻璃拉门作为区隔，通过灯光的折射，不仅能让旁边的木质收纳柜更具质感，同时也能看到书房里家人的活动影像，让空间更具动感与故事性。

⑥ **家具色调让粗犷的工业风变得精致利落** 整个公共空间虽然极具工业风格，但通过与建材同色系的家具搭配、玻璃的穿透性以及光线的折射，让整个空间变得更为精致利落，也让工业风格拥有浓厚的艺术气息。

木 × 水泥

借由纯粹原始的自然材料，营造自由无拘的居住体验

房屋状况

地点：台湾台北市

面积：126 m^2

混搭建材：粉光水泥、木材

其他材料：烤漆铁件、海岛型木地板、铁件、玻璃、杉山实木

文 / 陈佳歆

空间设计暨图片提供 / 石坊空间设计研究

从花莲移居台北的年轻夫妻，两人皆从事艺术相关工作，即便知道无法像以前一样拥有开阔的居住环境，仍希望居室拥有纯粹自然的空间感，因此设计师运用循环动线以及质朴的粉光水泥与木材质，传递屋主所期待的自在无拘的生活感。

女主人除了有画室的需求外，也希望为往后留宿的朋友留个空间，于是设计师在居室中创造了大大小小的回字动线，所有空间彼此串联相通，让自在行走的路径带动居住的自由度。由于空间只有单面采光，设计师根据夫妻二人的生活习惯，将常待的画室及起居室配置在光线较佳的靠窗位置，并以架高的水泥粉光地板串联，同时增加拉门设计，使起居室也能作为客房使用。客餐厅及主卧则选择铺设抗潮又不失温润触感的海岛型木地板，即使随性地赤脚行走也不觉冰冷。

屋主特别重视卫浴空间，期待延续在花莲时的沐浴体验，在泡澡、淋浴时都能临窗赏景，整体卫浴空间同样使用粉光水泥搭配木材质，简单质朴的材质营造出大自然的氛围，身心也因此得到放松。

① **简单清水模矮墙扮演多重角色** 开放式设计的公共空间以清水模矮墙满足空间需求，同时引导动线，其中一面增设桌面作为吧台使用，另一面则作为电视墙。矮墙高度不遮挡视线，使整体视野保有开阔感。公共空间以矮墙为中心创造循环的回字动线，并串联其他空间区域。

② **活动玻璃拉门适度保有空间隐私** 屋主希望在家里为好友留下一个偶尔留宿的空间，架高式的起居空间搭配拉门便能随着使用需求的变化做机动性的调整。拉门以直条压纹玻璃材质打造，即使关闭也不会阻碍单面采光的光线进入，同时仍维持空间的独立性。

3

4

5

③ **透光玻璃与反射镜面让卫浴清爽明亮** 卫浴除了采用粉光水泥与木材营造舒适自然的空间感外，利用玻璃拉门区分干湿区域，即使沐浴时关上拉门同样能透入自然光线。局部墙面安装的镜面不仅可以作为全身镜使用，更可以反射光线，来提升卫浴空间在白日里的明亮感。

④ **运用水泥及木材质地面传递质朴空间感** 为了在居住空间中营造单纯质朴的感受，选择呈现原始质感的粉光水泥与具有温润触感的海岛型木地板，作为整体地面材质的搭配，通过这两种简单并不加以装饰的材质，让空间传递出自然质朴之感。

⑤ **运用单纯材质打造尽情挥洒的画室** 画室延续起居室的架高粉光水泥地面，与起居室以布帘相隔，简单的材质与充足的光线交会出自然无压的创作环境，设计师希望画室的地面、墙面都如同画布般，让女主人在简朴的空间中尽情发挥，不用担心弄脏居室，最后空间也会成为生活累积的作品。

6

7

⑥ **水泥卧榻起居空间创造多元空间的可能性** 空间并没有特别规划出客厅，而是在靠窗的位置以水泥粉光规划架高的起居空间，来作为平时用餐、工作或者与朋友聊天聚会的地方，卧榻式设计能让人以轻松的姿势或卧或躺，呼应材质与动线的自由自在，营造舒适无拘的居住空间。

⑦ **铁件烤漆书架勾勒出空间的细腻感** 墙面书架以烤黑漆铁件打造，勾勒出水平、垂直分割线条，呈现细腻精致的视觉感，局部铁件融入水泥及木材质，为自然温暖的空间增添些许粗犷气息。

⑧ 主卧材质搭配延续整体空间的一致性 将以休憩为主的主卧配置在光线微暗的空间内侧，不让光线影响睡眠。主卧具有充足的空间，即使未来增加了家庭成员，摆放儿童车也不会太拥挤。地面同样延续公共空间的海岛型木地板搭配仿清水混凝土的床头墙，整体空间的质感与色调具有一致性。

⑨ 打造与自然亲近的卫浴空间 屋主希望重获过往住在花莲时的沐浴体验，淋浴与泡澡位置皆邻窗配置，实现了屋主在洗澡时能看到户外窗景的愿望。卫浴空间同样采用粉光水泥与木材作为主要装饰建材，户外自然景色与室内材质互相呼应。

8

9

木材混搭

木 × 金属

木材具有包容、温暖的观感与触感，而金属则拥有坚毅、个性的质地与形象，这两种材质风格迥异，却都是室内装修建材中相当受欢迎的结构与装饰材质。二者不仅可以交错运用在结构上互做后盾，做面材的设计时也可借着两种不同材质的混搭，来达到对比或调和的效果。对居室空间而言，过多的金属建材容易让空间显得过于冰冷，若有自然而温暖的木材加以调节，不仅增加了设计的变化，也可添加几许富有质感的舒缓效果。而木与金属的搭配相当多元，除了木种、木纹的款式繁多，各种染色技巧与仿旧做法还能造就更多差异性，若再搭配金属材质的变化设计，风格即如万花筒般丰富灿烂。例如锻铁与铁刀木最能诠释闲逸的乡村风，而不锈钢搭配枫木则营造出北欧风的温暖感，至于黑檀木与镀钛金属又能打造出奢华质感，多变的“戏法”全看设计师的巧思与工艺，几乎在每一种装修风格中都可看到木与金属的混搭之妙。

柜子以深色铁件作为骨架，放入单面开的梧桐木盒，有效平衡金属的冰冷感。
图片提供_PartiDesign Studio

施工方式

木作工程与金属工程都是室内装修中最常见的工程，而施工的方式必须依照设计者的需求而定，二者之间可以运用胶合、铆接或锁钉等方式接合，有的甚至运用了两种以上工法来强化金属与木材结合的稳固性。任何混搭的材质都需要讲究尺寸的精准，而铁件因铁板薄且具有延展性，可运用激光切割的方式来做图腾设计，搭配木质边框可作为主墙装饰或屏风，具有很强的变化性，而图腾也可依个人定制。至于铁制架构的书柜，若想结合木层板来增加书卷气息，则应先定制符合空间尺度的金属骨架，再将架构固定于墙面或地面上，最后将木板锁在事先规划的层板位置，更讲究细节。可以采用木板将铁架上下包夹的设计，使外观看起来更精巧。当然也可以木架构为主体，再以铁片或金属边条来保护木材质的装修结构，让设计兼具美观性与坚固性。

收边技巧

在装修建材中，金属原本就常用作收边的材料，尤其在与木材搭配运用时，也常见设计者借金属的坚硬、耐磨特点来保护质地较软的木材，市面上即有各种金属收边条可以利用。此外，若想打造在木墙上直接“长”出金属结构的柜体，必须考虑支撑柜体的强度，建议将金属铁件直接锁进泥墙，或者以木角料固定在墙内，接着将预先开孔的木皮或木饰板覆上墙面。如果担心二者交界的收边问题，也可借用五金盖片做修饰收边，让两种材质的衔接有更多设计细节。事实上，五金配件正是木材与金属材质之间最好的媒介，具有串联与强化结构等功能，是功能设计的好帮手。木建材的转角接合处理是衡量工法细致度的指标之一，其中做45° 切角接合的收边效果较好；木饰板铺贴的常用工法有横贴、纵贴与斜贴等，可视设计需求与现场环境来选择，一般横贴有放宽的效果，而纵贴则可拉伸房屋纵高，至于斜贴在画面上较为活泼。

计价建议

木材：以片、面积计价，需依据使用的木材计算价格。

金属：需依据设计与所使用的材质计算价格。

木 × 金 属

空间应用

格栅软化金属的强硬感

公共区没有任何屏障，因此以木格栅天花板做视觉延展，让该区域更加恢宏大气。厨房采用毛丝面不锈钢厨具展现专业感，金属的反射特性增加了景深，其刚硬、冰冷感则被木材的温润中和了。介于客、餐厅中央的大梁，通过增加折面的手法予以隐蔽，笔直的线条亦可与金属的格调相呼应，更显利落。图片提供_尚艺设计

铁件柜体衔接木、石天地，镜墙造就虚实幻境

入门玄关先运用铁件从木、石天地中架构出一座虚实相间的屏风柜体，让玄关既具有穿透感，又不失遮蔽效果，同时也可让屏风两侧的玄关与书房共享展示与收纳功能。另一方面，在玄关的侧墙贴饰大镜面，映照出室内景物，使得入口拥有两倍以上的空间感，化解局促封闭感。图片提供_近境制作

黑色铁件展现利落时尚感

以极简线条勾勒整体造型，维持视线的穿透、舒适感，同时也能降低铁件的沉重感，不论与花砖还是深色木地板相搭配，皆能让空间展现简约大气的时尚感。图片提供_彗星设计

黑色铁件围塑出天花板的刚性美

除了常规地将地面与壁面作为材质铺贴与设计的对象外，设计师将天花板也视为表现重点，利用书房的木质天花板清楚地做出区域分隔。另一方面，在客厅与餐厅区则以黑色铁件的围塑，搭配内藏嵌灯的光源设计，来解决较低的天花板灯光与梁的问题，同时也展现出现代空间的利落美感。图片提供_近境制作

木 × 金属

利落线条统整丰富的木材纹理，与烤漆铁件描绘居室摩登风貌

房屋状况

地点：台湾新竹市

面积：155 m^2

混搭建材：大干木皮、烤漆铁件、大理石

其他材料：石英砖、红砖、布织品、印度黑石、橡木钢刷

文 / 陈佳歆

空间设计暨图片提供 / 石坊空间设计研究

Atrium
67

单身屋主在工作之余也相当懂得享受生活，平时喜欢品酒、欣赏音乐，因此对新居有超越一般居室的期待，格局以未来成家后的小家庭规模来规划，特别注重公共区域的休闲娱乐及视听感受。整个公共空间主要分成三大区域，除了以电视机为主角的客厅之外，也特别在沙发一侧规划出聆听音乐的专属空间，另一区则是开放式厨房搭配吧台以及 4 ~ 6 人的长餐桌，构成功能完备的休闲空间。空间气氛则以室内光线来调节，利用凹凸线性灯营造有如酒吧的慵懒氛围。而整体空间最抢眼的就是大面积采用大干木铺设立面，温厚的木质展现出对比鲜明的木纹，让空间具有鲜明质感，却不令人感到疏远。在电视墙局部搭配烤漆铁件置物架，巧妙地平衡空间视觉。视听区吸音布则舍弃常见的黑或深灰，选择带点东方情调的饱和蓝绿色，在灯光的辅助下，色彩与材质调和出摩登的现代新风貌。廊道尽头以刷白、红砖为端景，让精致平滑与粗犷材质形成了有趣的对比，同时也勾勒出空间的层次。大干木纹为公共空间带来丰富的线条感，因此利用利落工整的收边带来视觉上的整体感，并降低材质表面的反光程度，让空间呈现非凡质感。

1

❶ **烤漆铁件与木材质交融出个性美感** 在以大量木材质包覆的空间中，搭配烤漆铁件制作的展示层架，借由材料比例的恰当拿捏，让温润木材与冰冷铁件之间达到和谐，也更符合屋主所期待的与众不同的空间个性。电视墙面上的层架搭配大理石材增添精致感，悬吊式设计使其更显轻盈。

❷ **木纹鲜明的大干木包覆墙面描绘空间个性** 公共空间墙面主要以大干木材质大面积铺设，木材的温暖质感和鲜明的纹理为空间创造出深刻的印象及特色，横向大开窗引入充足自然光线，并以背光灯装点出墙面的层次感。

2

3

③ **粗犷与精致碰撞出的冲突美感** 廊道尽头为主卧房，刻意堆砌红砖墙面并刷上白漆作为端景，裸露材质的原始质感，以颜色统整粗犷的视感。然而明显的红砖肌理与其他精致处理的材质仍形成对比，两者在空间里碰撞出冲突之美。

④ **东方蓝绿布织品与西方特色木材质的交会** 特别为喜爱欣赏音乐的屋主规划出专属的聆听区，为了让所配备的高级音响传递更好的音质，空间材质的选择皆考虑到声音的传导，因此选用大量木材作为墙面，试图创造最佳的音场，音响后方的吸音布帘考虑整体空间的搭配，刻意挑选带有东方情调的蓝绿色，与带有西方风情的原木融合出摩登的现代风格。

⑤ **低调色彩及材质调和出空间情调** 整体公共空间采用全开放式设计，因此不但以家具区分空间区域范围，材质的运用也具有界定空间的作用。全室以石英砖地面串联，立面则以木材、布织品及柜体来标示不同区域，并选择白、黑及原木色调相搭配。

⑥ **运用灯带设计营造空间氛围** 为懂得享受生活的屋主打造兼具休闲与娱乐功能的公共区域，除了建构硬件设备并且满足使用机能，对屋主来说，下班后才是一天的开始，因此灯光的设计与配置也未被忽略。天花板设计了凹凸线性灯带与间接灯光，营造出酒吧般的氛围。

⑦ 开放式餐厨区为生活情调加分

顺着空间轮廓配置厨房，同时延伸料理台面，规划出制作简餐的备餐区，接续能容纳 4 ~ 6 人的长餐桌，形成一个复合式的使用空间，搭配铁件置物架便成为阅读、工作的地方。从整体空间角度来看，加上客厅及视听区即构成与朋友聚会的最佳场所。

⑧ 天然材质营造主卧宁静氛围

有别于公共区域的鲜明个性，主卧虽然仍以木材为主要材质，却选用轻爽的浅色橡木让空间有截然不同的柔和感，钢刷处理的橡木则保留了手摸触感。床头墙面采用的是印度黑石，床单与窗帘选择相同色系搭配，使卧房拥有舒适、轻松的氛围。

7

8

木 × 金属

烟熏大地色调，坐享海景山色

房屋状况

地点：台湾新北市淡水区

面积：182 m²

混搭建材：北美胡桃实木皮、北美橡木地板、非洲柚木实木板、不锈钢、镀钛金属板、粉体烤漆金属板

其他材料：瓷砖、茶镜、薄片板岩、特殊涂料

文 / 郑雅分

空间设计暨图片提供 / 禾筑国际设计

因为喜欢海景山色，所以夫妻俩看中了这栋面向淡水河与观音山景的新居。因希望能将弧线延伸的海景线完整地呈现在屋主的生活中，设计师从空气的流通性、风向与日照时数等自然时令的变化，到室内材质、动线、格局与功能的对应，甚至灯光、色彩的配置都做了紧密的串联整合，并以屋主的感受与使用习惯做设计起点，好让室、内外的环境优势得以完美展现。为了呼应户外的自然环境，设计师采用了纹理鲜明的实木，搭配镀钛金属屏风、铁件层板，以及灰阶色调的地板与石墙等，让画面呈现出和谐的烟熏大地色调，低调柔和的室内氛围使视觉焦点自然而然地停留在窗外的景致上。另一方面，在家具的配置上则选择柔软的绒布沙发，通过灰色、棕色与紫红色的跳色搭配来增强画面的活泼感，再缀以精致的单品家具摆饰，以及摆放着屋主收藏品的定制铁件展示柜，让空间更显层次美感，同时展现出屋主的品味与个性。特别的是，客厅所有家具不受传统电视墙的方向性牵引限制，而是随着L形大阳台与海景而定位，如此设计除了让空间更显大气外，也巧妙地拉近了生活与大自然的距离。

1

① **跳色沙发点燃灰阶空间的活力与热情** 开放的公共空间中，先以特殊涂料为墙面铺上灰阶底色，再适度地于地面与壁面上加入木质温暖元素，构成低调却有质感的生活空间。最后将设计重点放在与人直接接触的家具上，通过跳色让并列的灰、棕褐与紫红色绒布沙发装点出空间的活力与热情。

② **让承载屋主回忆的收藏品拥有完美的舞台** 长期居住在国外的屋主收藏了不少颇具自然感的异国小艺术品，这些承载着屋主回忆的艺术品也是整体空间设计的灵魂之一。为了让这些小物有完美的展示空间，特别以铁件层板搭配板岩墙与间接灯光照射，其不仅是艺术品的最佳舞台，同时通过自然材质渐层递进的铺陈，更展现出处处有景致的生活逸趣。

2

3

③ **铁件杯架与木、石吧台散发利落现代感** 为了解决玄关与餐厅左侧的结构柱的问题，设计师巧妙地以柱子为定位点加设了一座吧台，并且将柱体以镜面包覆，既增加了玄关区的光感，也让内外分区更明显，最重要的是可提供多元的餐饮功能。整座吧台以木、石打造，而上方搭配的铁件杯架则让空间增加了利落的现代感。

④ **镀钛屏风与实木层板化身玄关艺术造景** 玄关以镀钛金属与实木两种材质做垂直与水平的造型设计，镀钛镂空屏风的设计既可避免入门直接看到餐厅的尴尬，同时实木展示平台上的摆设也添加几许人文生活美感，而在玄关右侧也因镜面与实木的贴饰得以反射出入门区更大的面宽。

⑤ **多层次、具有自然感的建材，打造休闲舒适的玄关** 屋主希望玄关镀钛屏风有穿透感，但又不想一眼被看透，因此设计师将每片镀钛板做了不同角度的设计，不仅有镂空效果，同时金属板能反射出不同方向的光影。而延伸入内的左墙面则设计了水平线条的金属层板来与屏风对应，再搭配实木板的动感纹路，一入门便可感受休闲的空间质感，进而达到放松心情的效果。

❻ **冷调吧台材质恰可反衬实木温度** 配合结构柱体延伸做出的中岛区为厨房，是玄关与餐厅的分界点。借由反射的镜面延伸了笔直线条的铁件杯架与石质吧台，虚化了大柱体的障碍，也增加了空间的光影变化，更能映衬出吧台后餐桌面的实木质感，丰富了材质的变化性。

❼ **在灰色静美的空间中悠然地阅读** 采用特殊涂料的灰色涂层，使主卧房墙面散发出静美氛围，同时也更能从容演绎出自然光源的表情。由于屋主有睡前阅读的习惯，加上书籍收纳需求，设计师贴心地在卧房内以镀钛板、木材质及茶镜玻璃打造出一个精致书柜，迎合屋主的生活习惯。

⑧ 相同金属、木材质，调整配比营造不同感受 从屋内望向玄关可明显感受到因大量木质纹理而产生的温暖气息。在与玄关同样的金属、实木与石材等材料中，设计师运用不同比例的搭配，在室内可见之处大幅增加了具有鲜明纹路的实木，使生活其中的人能拥有舒心、温暖的感觉。

⑨ 不同材质混搭，营造静谧灰阶的洗浴空间 延续低调灰阶空间的色彩主题，从主卧的烟熏色木地板到卫浴区的灰调石材、灰色木纹砖、金属五金与白色卫浴设施，设计师希望通过不同建材的质感与色调微调，营造出单纯、舒压的沐浴空间，同时引进和煦的自然光，让人拥有轻松的沐浴体验。

8

9

木 × 金属

钢刷木质感 + 纤薄钢线条，迎进光感与清爽

房屋状况

地点：台湾台北市

面积：231 m²

混搭建材：铁件、钢刷木皮

其他材料：喷漆、超耐磨地板、波龙地毯、灰玻璃

文 / 郑雅分

空间设计暨图片提供 / 森境建筑 + 王俊宏室内装修设计工程有限公司

这栋房龄已超过30年的老式房屋，因长期处于潮湿状态，加上楼梯与动线的错置而显得阴暗且凌乱。针对此情况，设计师在第一次观察房屋时便提出变更楼梯的建议，同时决定将遮蔽地下室采光的天井加盖屋顶拆除，并且重新建构室内格局，以满足屋主的未来生活。

一来是为了避免潮湿问题继续困扰生活，再者是希望能积极改善采光，于是在建材部分选定以更加耐潮的铁件钢烤、玻璃、波龙地毯、超耐磨地板等作为主材质，以提升居家的舒适性与耐久性。另一方面，设计师将原本散置建筑两侧的楼梯整合于一处，以便减缩垂直与水平动线，并采用钢构的楼梯取代钢筋混凝土结构梯，配合简约、纤细化的设计线条，以及钢构玻璃隔间与薄铁件打造的屏风书柜等，通过简化的隔间设计大幅降低楼梯对于光线的阻挡。另外，为了增加明亮度，柜体层板的薄铁件特别做了白色钢烤处理，营造出清爽现代的空间感。最后在各个楼层中适度地铺上钢刷木皮的柜体，如此既可为生活区置入不可或缺的收纳功能，同时也让原本金属钢构的空间设计铺染出温暖的木质色调，特别是钢刷处理的立体木纹更能提升生活的温度，完美地调和出独具个性且温润的空间情调。

1

① **灰阶低彩度家具，衬托木与钢构的简单质感** 为了改善原本地下室潮湿且阴暗的空间环境，先将一楼后方天井拆除，让光线可顺利进入地下室，并以绿植墙概念为庭院做绿化，为餐厅、视听区及书房提供更好的视野。另一方面，低彩度的灰阶家具让简单通透的隔间与建材展现出单纯生活的质感。

② **灰阶中不失温暖的烟熏色木地板** 为了让室内拥有更多光线，楼上卧房舍弃阻挡光源的泥作墙面，改以黑色钢构的玻璃墙，此设计也让楼梯与房间同时获得更大的视野空间。同时地面则选择以木质设计、浅烟熏色调的超耐磨地板做铺贴，满足潮湿空间的功能需求，也符合灰阶中有温暖感的设计概念。

2

3

4

5

③ **钢刷木纹柜墙缓解钢构梯带来的压力感** 在复层结构的建筑中，空间势必会因为钢构楼梯而形成巨大的体量感，为了缓解压力感，除了简化楼梯线条外，背景墙式的大片木作柜体则提供了舒缓视觉的效果，特别是设计师选择了具有立体纹路的钢刷木皮，让触感与视感都更自然舒压。

④ **从放松心情的走道进入钢构的白色书房** 从地下停车场上楼，首先穿过长长的木墙走道将烦杂的心情沉淀下来，接着便是男主人的书房与起居区。考虑到屋主喜欢动手做模型，特别为他设计了一张可和儿子对坐的双向书桌，并以铁件在上方打造灯具，提供充足的线性照明。而后方则以钢构柜体来展示屋主的机械模型收藏。

⑤ **钢构梯 × 波龙踏阶，体现简约、舒适品味** 为了改善原本冗长而不合理的动线，设计师不只变更了楼梯位置，以缩短垂直与水平的动线，并将原本封闭式的钢筋混凝土结构改为穿透式的钢结构，同时利用更为纤细的铁件扶手、结构，搭配符合屋主跨距的阶高，并以柔软且防潮的波龙地毯包覆阶板，使每一步都舒适。

6

7

⑥ **铁件玻璃格局搭配白色书架，更加通透、明亮** 考虑到空间格局为长形、且仅有前后采光，首先将原有的隔间墙拆除，改以铁件玻璃隔间与镂空穿透的书柜取代，好让光线更容易进入室内。除了将黑铁框架纤细化，同时整个书架的金属架构也采用烤白漆设计，搭配浅色钢刷木皮，让空间更显明亮。

⑦ **精湛包覆工艺，完美结合木质与金属** 为了降低屏风书架的体量感，选择烤白处理的薄钢板做出书柜的纵横架构，并且采用悬空设计，将整座书柜固定于天花板上，然后运用上下双层的木板包夹住横向的书柜层板，看起来像是将木板直接与铁件黏着，但结构相当稳固且安全，完美的工艺技术让整座书柜从任何角度都看不出破绽。

⑧ **钢构电视墙与钢刷木橱让画面更有层次感** 原本女主人希望主卧内能配备更衣间，但因单一楼层面积不足而改为开放式的更衣区设计，设计师将钢构电视墙固定于天花板上，以悬空设计减轻重量感，而电视墙左右的动线则显现出后方钢刷木色调的衣橱区，既可增加卧房空间温度，画面上也不显凌乱，而更有层次感。

⑨ **木感卫浴间中和了金属结构的冰冷感** 客用的浴室无潮湿问题，因此选择以钢刷木皮做墙面铺色，温润的色调中和了钢构玻璃隔间与白色空间的冰冷感。而白色圆形洗手台与悬吊式水龙头设计，则让客用浴室的趣味性得以提升，反而成为宾客注目与讨论的焦点。

8

木材混搭

木 × 板材

木材质的使用在现代建筑中已是不可或缺的一环，无论是搭配性还是质地、触感，都很适合运用于家居空间，木材细腻的纹路以及自身的香气，皆能突显空间特色。而要在以木材质为主的空间创造出不同风格，可借由木质板材的运用，同中求异做出变化。现在建筑运用的板材种类很多，常见的有夹板、木芯板、集合板等。夹板就是一层层薄木片上胶后压制而成，稳固、支撑力强，常用于天花板、墙面。木芯板则为上下夹板、中间原木拼接，可用于柜子、大型家具。集合板又称密集板，是以木材碎片加胶后经过高温高压处理的板材，容易切割、较环保，但不耐潮，易扭曲变形。

实木与板材结合，一般而言可通过白胶、防水胶、强力胶等做接合处理，不过还是要靠钉子加强固定效果，并可借由染色、烤漆、喷漆、钢刷等方式呈现浓淡等不同风貌。由于实木与板材的质感、色系相近，常被用于家居空间，若想在空间中做出不同变化，板材的运用就是很好的选择。

木头与板材质感、色系相近，常被用于家居空间，尤其板材表面大多留有材料原始纹路，运用于空间，不仅可减少后续加工、较为环保，同时也有助于节省成本。图片提供_大名设计

施工方式

一般而言，不论是水泥板还是定向结构刨花板等板材的施工方式，不外乎是以各种不同的胶合剂先行黏合，再依板材的脆弱程度及美观度，以暗钉或粗钉固定。其中白胶价钱较便宜、稳固性低，有脱落的可能；防水胶和万用胶较能紧密接合物体，价钱相对而言较高。选用黏胶时不仅要注意黏结度，也要注意其成分，避免有害物质伤害身体。其中，若以板材做隔间墙，地板选用木地板时，则需注意施工的先后顺序，一般来说，应先做好隔间墙，再铺设木地板，最后将二者接合处做收边处理。

收边技巧

木料与板材收边时，须注意整体的平整度，避免行走或触碰时感受到凹凸不平。现在比较方便的方式是以硅胶或收边条加以处理，在转角或者接缝处使用收边条，再用专用胶接合，角度与接缝都要精准，才能确保整体施工质量。

计价建议

板材种类繁多，大致分为夹板、木芯板等，依据片数与厚度有不同的计价，施工与后续加工的价格则另外计算。

木 × 板 材

空间应用

原始裸材，营造空间自然无拘感受

将具有水泥质感的水泥板作为装饰材料，从天花板延伸至电视墙面，利用水泥的质朴，为单调、具有现代感的空间增添个性色彩，而对应水泥板的原始感，辅以自然的木材做搭配，为空间注入属于家的温度。图片提供_六相设计

借由表面纹理增添视觉变化

以不做过多加工和装饰的材料为主时，空间难免显得单调，因此选择具有自然特性、表面纹路较为丰富的定向结构刨花板做点缀，不只呼应整体空间格调，同时也可丰富空间表情。图片提供_六相设计

平价夹板也能成为空间主角

呼应整体空间风格，电视墙使用具有特殊纹理与色泽的夹板呈现。外观上经过染色具有丰富的色彩表现，独特的V字形拼贴手法，搭配深浅不同的错落排序，成为空间醒目的焦点。图片提供_东江斋空间设计　摄影_王振华

木 × 板 材

板材与铁件、水泥粉光的完美组合

房屋状况

地点：台湾台北市

面积：132 m²

混搭建材：实木贴、夹板、旧木、柚木、桧木、集合板

其他材料：水泥粉光、铁件、文化石

文 / 覃彦瑄

空间设计暨图片提供 / 大名设计

ARCTIC
THE WORLD
THE NATIONAL GEOGRAPHIC
MAGAZINE
SHOWING THE POLITICAL
DIVISIONS
YEARS

本案业主从事科技行业，喜欢工业风设计，希望居室也能带有粗犷的工业风格，因此空间保留原本的3.3 m屋高，借由裸露的管线营造浓厚的工业风情，加上大面积的水泥粉光、木材质拼接，以及集合板点缀，打造出温馨舒适的工业风家居空间。

走进玄关，映入眼帘的是Hidden Harbor蓝的大型鞋柜，设计师为了方便屋主收纳，打造了与楼层等高的鞋柜，内部的支架与隔板均为定做。Hidden Harbor蓝柜体与木质材料的运用，也中和了冷冽的工业风空间。此外，天花板以集合板降低高度，可以隐藏多余的管线、遮蔽横梁，从玄关走进室内便可有由小见大的宽敞感受。

客厅以大量木材与板材接合，包括电视墙的实木贴板、夹板皆是设计师亲自挑选，尺寸、纹路和色泽都是经过仔细思量而定，才能与整体空间呈现出统一的温润效果。原先的格局规划，电视墙仅为3.3 m，因此将电视墙结合书柜收纳，立面延伸成6.9 m，让客厅更显大气，用板材隔出的空间也能作为收纳利用。沙发背景墙以大面积文化石做搭配，地板以板材与水泥结合，巧妙地在冷冽的工业风格空间中点缀出温暖的居家感受。

整个空间最让人惊艳的部分，莫过于以瓷砖、铁件与木材质为主的开放式厨房。以工业风格为设计主轴，辅以温暖的实木材质，设计师首次尝试以水泥粉光组合桧木年轮的施工方式，当屋主赤脚走进厨房时，脚底能感受到桧木质地的温暖。

① **结合多种板材，打造具有复合材质与多功能的电视墙** 电视墙以不同材质的板材为主体，板材的接点、尺寸及色泽纹路都经过仔细配置，呈现出不同风情，隔出的空间也能用于收纳，增添了设计的实用性。

② **水泥粉光＋黑板墙，打造居家咖啡厅** 要营造舒适悠闲的家居氛围，可更换图样的黑板墙是很好的选择，不仅可依据屋主的喜好做设计，也为冷冽的工业风空间增添温暖。

3

③ **甘蔗板包覆天花板，呈现宽敞的视觉感** 为中和粗犷感，天花板以质朴的甘蔗板包覆，倾斜角度能增添视觉上的宽敞感，搭配木材质、铁件的运用，营造出充满居家风情的工业风空间。

④ **水泥粉光+桧木年轮，打造冲突美感** 以铁件、水泥粉光为主材质的开放式厨房，若仍以水泥粉光铺设地板，空间容易过于冰冷。若以木板为主体，则显得单调无趣。而以水泥粉光与桧木年轮结合，异材质相接提升空间的活泼性，也能在冰冷的工业风餐厅中增添几许温暖。

⑤ **蓝色搭配木材，增加空间的活泼感** 玄关处的大型鞋柜，以Hidden Harbor蓝为主色调设计，搭配定制的内层支架，打造出不同寻常的理性色调工业风格，大量的收纳空间也便于屋主收纳杂物与鞋类。

4

5

⑥ **多种不同材质组合，空间丰富不凌乱** 大面积文化石墙面，搭配裸露管线、铁件家具，加上水泥粉光、木质地板及甘蔗板的使用，多种材质相互衬托，打造出粗犷而细腻的客厅空间。

⑦ 深色木板门，卫浴空间不冰冷
卫浴以水泥粉光搭配瓷砖、木板，蓝色瓷砖与玄关鞋柜门板相呼应。质地温润的木板门，触感与色调都给人温暖感受，营造出清爽、具有质感的工业风卫浴空间。

⑧ 预留墙面间距，让空间能呼吸
水泥粉光墙面容易让人产生压迫感，因此在墙面预留一些空间，除了可以让光线照射进来，从而提升室内的明亮度，也能缓解墙面造成的压迫感，以提升空间的舒适度。

7

8

木 × 板 材

木质原色铺陈自然、简单的原味生活

房屋状况

地点：台湾台北市

面积：66 m²

混搭材料：松木夹板、定向结构刨花板、桧木

其他建材：超耐磨地板、石板地板

文 / 余佩桦、王玉瑶
空间设计暨图片提供 / 六相设计

BAUHAUS

这个空间有所有老公寓最常遇到的隔间过多的问题，隔间并非愈多愈好，必须赋予其意义才能发挥有效的功能。

原为3室的空间，目前只有屋主一人使用，设计师便将原本的3室改为2室，并舍弃不必要的隔墙，直接以开放式呈现，或是以拉门为辅助，身处其中畅通无阻的自在感油然而生。

把大套房概念融入设计里，抓住使用核心，扣除次卧后，客厅、卧房之间仅用拉门区隔，拉上能清楚定义公私区域，打开后因为没有了隔间，屋主可以在同一空间内任意而为，乍看之下每一个功能互不相干，实际上却又彼此关联。例如看似毫无关系的卧房与客厅，在拉开拉门后空间被瞬间放大，屋主还能躺在床上看电视，空间功能随着隔间形式的改变而弹性变化，兼顾了独居与人际社交需求。

天花板尽量不做过多处理，用高度优势展现不一样的视野。此外，整体空间不做太多装饰，利用大量的原生材料来修饰空间，如夹板或定向结构刨花板等，带出不造作的味道，也借由原汁原味的木材让心灵获得释放。

1

① **大量铺陈天然木材放松身心** 大刀阔斧地拆除厨房隔间墙，让厨房与餐厅的动线合而为一，整体变得通透又明亮，并以木材及板材等原生材料做修饰，让人置身其中毫无压迫感又让身心获得放松。

② **功能独立，让使用尺度更舒适** 为了让卫浴空间更为完善，特意将洗手台移至外部，使用时互不干扰。

③ **表面纹理增添视觉变化** 整体空间大量运用松木夹板，利用同样是由木材压制而成的定向结构刨花板穿插其中做点缀，与松木夹板搭配起来不显突兀，反而借由定向结构刨花板表面丰富的纹理，让围绕大量木材的空间，更具层次变化。

④⑤ 拉门开合使空间做弹性变化 在拉开拉门后，无论是卧房还是客厅，尺度被瞬间放大，还可以躺在床上看电视，不需在卧房额外增加一套设备。

⑥ **开阔的木材空间更使人放松** 卧房与公共空间只要拉开拉门，便自然成为一个开阔感十足的大空间，借由拉门设计消除了小面积空间容易造成的压迫感。运用天然的木材作为空间主要装饰元素，为空间注入自然气息。

⑦ **木色与轻浅大地色创造无压力睡眠** 以大套房概念设计整体居室，完备生活功能，卧房内不再多做其他配置，并以轻浅木质大地色系营造安静轻松的氛围，不因空间小而产生压迫感。

⑧ **使用便利的设计布局** 卫浴内置入玻璃隔间，彼此区分但又不影响使用尺度。

7

8

木材混搭

木 × 磐多魔

温润的木材在材质搭配上向来能与各类材质混搭，木材经过染色、烟熏、钢刷等手法，皆能呈现仿旧或凹凸等表面装饰效果，多变的处理手法能适应不同的材料，而柔和的木质具有软化、调和材料的作用，尤其搭配特性完全相反的塑料时更为明显。

塑料的种类繁多，其中磐多魔、环氧树脂、亚克力是较为常见的装修建材，塑料是经后天加工压塑而成，外表多具有光泽，人工感较重，在搭配上多半辅以同样具有光泽感的金属、镜面、玻璃，或是以天然材料如木材、石材等中和人工仿造感。

当木材与塑料搭配时，以磐多魔或环氧树脂为例，大面积铺陈会使塑料的人造感加重，在强调舒适氛围的居室中会显得过于冷硬，因此，可通过色系和配置比例拿捏轻重。建议塑料以局部施工为主，例如公共区域的客、餐厅，选择中性的灰、黑、白，作为空间的衬底，搭配深色或浅色木质作为视觉焦点。若这两种材质相拼接，还可以尝试同色的搭配，呈现不同材料的质感，创造视觉上的丰富感受。

木材与塑料搭配时，大面积的铺陈会使塑料的人造感加重，在强调舒适氛围的居室中会显得过于冷硬，建议通过色系和配置比例拿捏轻重。
图片提供_形构设计

施工方式

磐多魔可用于墙面或地面，施工方式略有不同，但要注意的是其工序必须在木工之后。磐多魔是以水泥为基底的材质，施工时会如液态般流入并快速干硬，由于其为液状，事先需圈定出施工范围，避免超出预定区域。磐多魔与木地板相接时，木地板必须预先铺好，并于表面铺设PC板保护层，以防受污染。而与磐多魔接触的木地板侧面也要先涂刷环氧树脂作为保护，避免磐多魔内部的水汽入侵造成受潮情况。

磐多魔施工在墙面与木料相接处时，同样需要先完成木工，由于是以镘刀一刀刀涂上磐多魔，只需在木料的边缘处贴上宽版纸胶带加以保护即可。

收边技巧

木地板或木腰板与磐多魔相接时，若想呈现两种材质的明显区隔，接触面可使用实木条、铁条做收边处理，呈现利落清晰的视觉分割。收边条的色系建议与磐多魔或木料相同，形成和谐的配色，避免过于突兀。要注意的是，由于不同材质的热胀冷缩程度不同，建议留出3 ~ 5 mm的伸缩缝。

计价建议

磐多魔：以面积计价（连工带料）。若与不同材质拼接，施工难度提高，会额外提高价格。

木 × 磐多魔

同色多样材料混搭，铺陈不同层次的视感

房屋状况

地点：台湾新北市

面积：92.4 m²

混搭建材：实木、人造石、磐多魔、水泥板、拉丝纹不锈钢板

其他材料：木纹砖、强化玻璃

文 / 蔡竺玲

空间设计暨图片提供 / 形构设计

偏好冷调、现代感的屋主，对设计相当有想法，也对空间设计持开放态度，因此在居室中不畏创新地纳入了材质和工法的实验性设计。

住宅仅有夫妻二人居住，平日里屋主的工作十分忙碌，很少下厨，所以在色系的选择上以耐脏污为主。因此天花板以水泥板铺陈，地板则以磐多魔与天花板呼应，磐多魔地板如流水般的纹路，为空间增添了律动感。而空间上下皆以不抢眼的灰色铺陈，恰如其分地为空间衬底，运用“天地为框，墙面为画”的概念，试图让主视线停留在墙面，借实木柜、横纹木纹砖等不同材质的交错使用，让墙面充满变化。

在空间中，最引人注目的就是极具流线造型的电视柜。由于屋主爱车，因此纳入仪表板概念，选用人造石以流畅的律动拉出一体成形的造型，右下嵌入温湿度计，左下则留出视听设备的控制面板，面板以木质和金属拼接，深色木纹和铜色金属融为一体，营造时尚现代氛围。流畅的弧线需以计算机仿真曲线和弧度，再计算人造石的拼接，是大胆构思、纯熟技艺的结晶。同样的设计手法也运用在主卧，主卧以人造石架高地板，床头背景墙则以如山形缓缓爬升的造型拉出优美线条，成为主卧最美的风景。

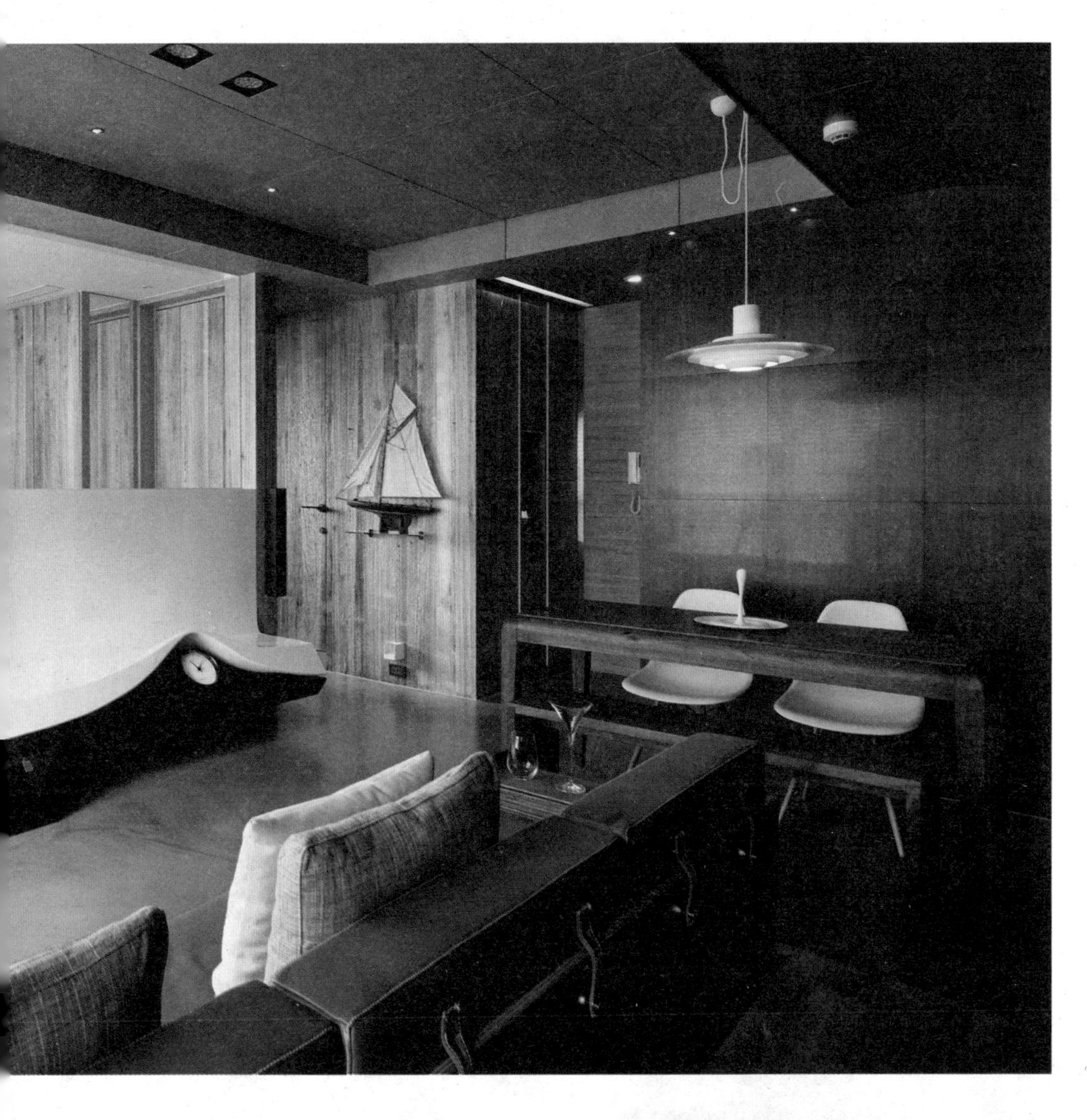

① **上下呼应的同色调材质** 天花板以水泥板贴覆，再衬以磐多魔地板，两者皆为中性的灰色调，呈现沉稳宁静气息。而磐多魔地板略带光泽的特性，也为空间带出现代的氛围。餐厅墙面铺上正方的深色木纹砖，与天花板和地板相呼应。

② **适度使用金属、玻璃元素** 配合整体冷色的色调，在厨房和书房的天花板覆以拉丝纹不锈钢板，弧线弯曲的造型顺势包覆吊隐式空调管线和梁。沙发后方为架高的木地板，可作为阅读空间使用，同时沙发下方贴覆金属板呼应天花板，具有反射特性的金属也让沙发有了悬空感。背景墙使用灰白色烤漆玻璃，深色适度反射不会过于清晰，却也能在视觉上放大小面积空间的尺度。

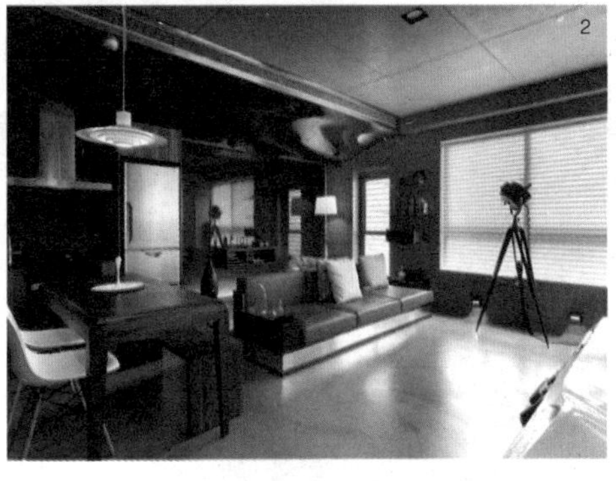
2

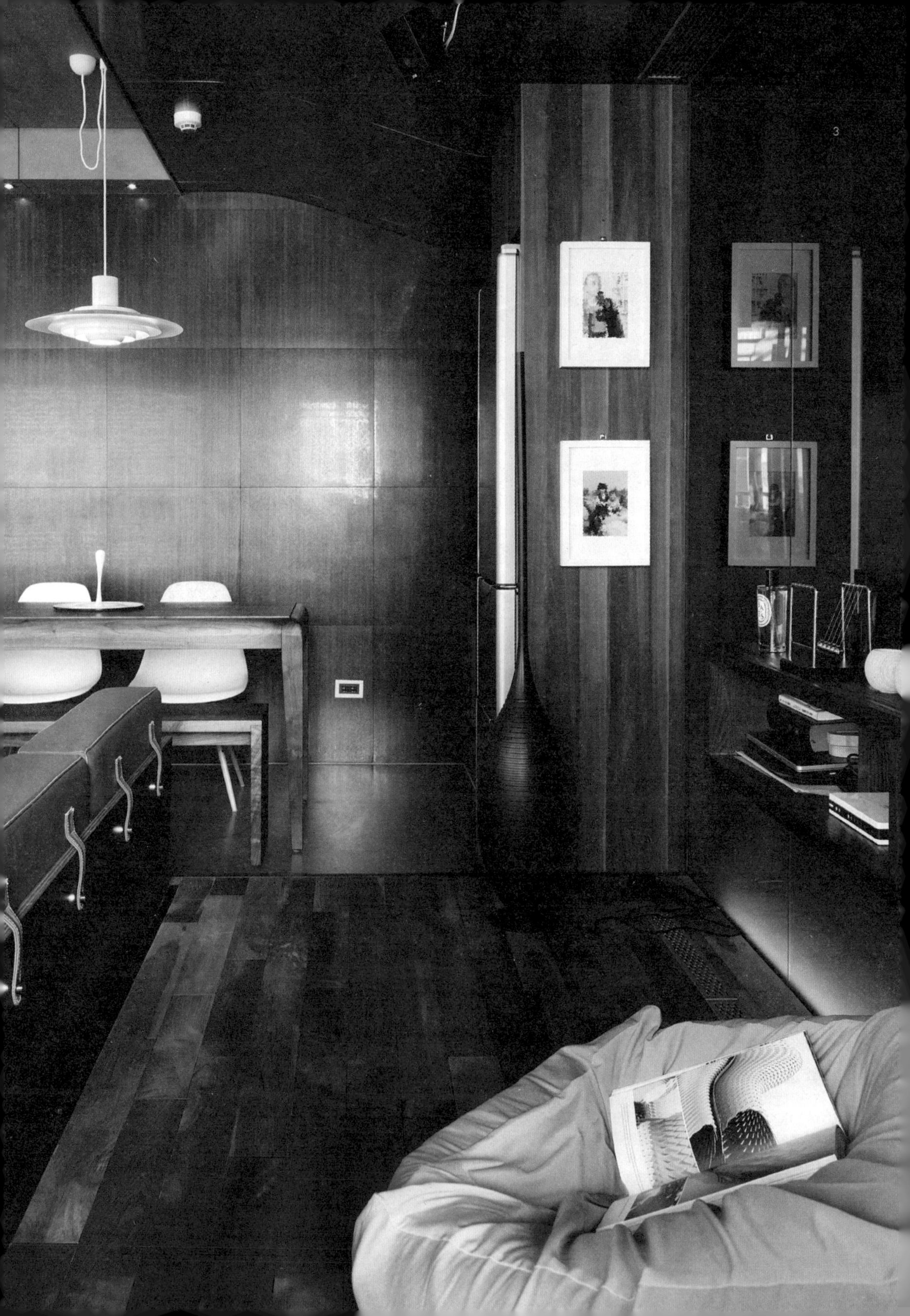

3

③ **同色异材的搭配，展现多元视觉效果** 由于包覆了天花板，再加上架高地板的设计，使得阅读区整体高度降低。为了避免产生压迫感，刻意选择铜色不锈钢板和深棕色木纹相互映照。同色异材的使用，形成对比又融合的空间风格，金属的反射也能略微延伸空间高度。灰白色的烤漆玻璃背墙也具有异曲同工之妙，除了能扩展空间广度，下方还利用间接照明打亮，降低沉重感，也为空间带来光影变化。

④ **精密计算镶嵌拼组的流线电视墙** 以跑车的流线设计为出发点，电视机主墙纳入仪表板的概念，嵌入视听设备和温湿度计，顺应圆形的温湿度计，呈现优美的曲线起伏。电视墙以木料塑形后，人造石再进行贴覆嵌合，这些曲线经过精密计算，将人造石分割成许多块状拼接组合，接合处打磨处理妥当，才形成宛如无接缝的一体造型。

⑤ **黑色烤漆玻璃、不锈钢板营造现代氛围** 电视墙下方还原呈现车内设计，视听设备的按键排列，展现有秩序的简单操控，面板以深色实木与铜色不锈钢板相接，有如发丝的横向木纹衬上亮面金属，现代感十足。右侧以黑色烤漆玻璃衬底，呈现清亮反射的效果，与金属衬底相呼应。

4

5

⑥ **穿透隔间，扩展室内尺度** 由于空间面积小，以电视墙拼接强化玻璃作为次卧隔墙，具有穿透的效果。卧房墙面则使用横纹木纹砖拉长视觉，有效延展空间尺度。同时沿着电视墙以人造石架高木地板，墙面背后贴覆实木皮加以美化，也可兼作床头板使用，主墙的两侧和上方则延续人造石接面包覆而成。

⑦⑧ 流畅墙面展现细腻手法 延续客厅的设计手法，同样以人造石打造床头背景墙并架高地板。床头背景墙向两旁延展，圆弧的转角呈现出流畅的可塑性。左侧床头做出收纳的深度后，线条如山形般向上攀升，厚度也逐渐收减内缩，细致手法展现迷人的线条，而一定的厚度也方便人靠坐。

7

8

第2章

最能展现空间磅礴气势

石材

石 × 砖

石 × 水泥

石 × 金属

自然纹理
勾勒简约大气质感。

Sto

图片提供_云邑设计

重新切割拼贴，石材运用更丰富

石材运用

趋势

大理石的纹理自然多变，很适合作为主墙立面的装饰，加上设计师以石材背面做正向贴覆，雾面质感与植生墙更为协调。
图片提供_水相设计

早期石材的运用手法较为单纯，多半都是一整面铺饰，大理石材的施工更是强调对花，或是利用拼花打造各式图腾。而近几年的石材运用趋势在于设计与施工的改变，比如将自然石材根据不同比例切割，再重新排列拼贴，甚至有别于以往的平整贴饰，借由斜面交错的施工方式，让石材墙面加上光线折射产生更多层次。过去天然石材切割后被视为废料的石皮，近来也成为设计新宠，虽然最好使用于大空间才能展现其气势，裁切、加工、运送、施工皆较为繁复，但由于经过自然风化的过程，色泽、纹理都非常独特，搭配手工拼贴，反而能为空间带来丰富的视觉效果。

此外，不同于过去石材多半给人华丽的印象，通过石材的种类、色系挑选，再加上与其他材质的搭配，石材既能奢华，亦可展现温馨。石材除了色系、纹路上的不同，从亮面、雾面到凿面所能呈现出来的个性也不同，而在室内设计上，更需要根据使用的位置来挑选合适的石材，方能在质感与风格上取得协调与统一。

材质轻量化，使用更不受限

过去由于技术限制石材的运用，能裁切的厚度有限（1 ~ 2 cm），考虑到承重问题，在空间大多采用固定式应用，例如地板、墙面或者天花板。石材薄片的出现，改变了石材在家居空间使用的可能性。目前常见的石材薄片大多以板岩制成，以专利技术在原始石材上倒上树脂后，再一片片撕下石材结晶面，背面佐以玻璃纤维来稳定石材的强韧度。依各厂商产品不同，每片石材厚度为1 ~ 2 mm，1 m^2的重量为1.5 kg；变薄的石材因此具有弯曲的可塑性，能施工在曲面造型上。

薄片石材克服了过去石材过重问题而造成的施工与运用上的限制，却仍拥有天然石材的自然肌理与质感，亦可当作板材来使用，不只施工上更为快速、安全，实际应用于空间时也有了更多变化与选择。

选用细腻纹路的雕刻白石材铺满全室，结合水切黑网石材嵌入拼出品牌符号，搭配天花板光线均匀打在无缝石材地面，亦突显烤漆墙面的工艺质感。
图片提供_力口建筑

纹路多变化，低调质感中见奢华

石材解析

特色

从墙面到天花板，精心使用不规则矩形切割，立体的线条搭配隐藏式光影，增加许多空间表情。图片提供＿云邑室内设计

石材自然的特殊纹理，一直深受大众喜爱，其中常用于住宅空间的莫过于大理石、花岗石、板岩、文化石和最近兴起的薄片石材。大理石的天然纹理变化多，能营造空间的大气质感；花岗石虽然纹理没有大理石来得丰富，但是吸水率低、硬度高、耐候性强，所以很适合运用在户外空间；文化石则是LOFT风、北欧风、乡村风格的常用材

料，保有石材原始粗犷的纹理，可呈现自然复古的氛围。从德国进口的天然薄片石材，主要以板岩、云母石制成。板岩纹路较为丰富，而云母矿石则带有天然丰富的玻璃金属光泽，在光线照射下相当耀眼，可轻松营造华丽的空间风格。另外，还有使用特殊抗UV 耐老化透明树脂的薄片，可在背面有光源的情况下做出透光效果，展现更加清透的石材纹路。

优点

大理石的纹路自然、变化多，质感高贵，可彰显空间雍容气质；花岗石的价位相对大理石便宜，质地也较为坚硬；文化石则是施工方便，甚至可以自行施工；而薄片石材的优点是厚度仅约2 mm，比起一般厚重石材施工更加简单、快速，就连石材不易施工的门板、柜体也都能打造，甚至还可以贴合于硅酸钙板和金属上，并具有防水特性。

缺点

具有天然纹理的大理石的缺点是保养不易，有污渍的话很难清理；花岗石则是花色变化较单调，也可能会有水斑的问题产生，需定期抛光研磨保养；文化石和抿石子的常见问题是水泥间隙易发生长霉状况，在施工时应选用具有抑菌成分的填缝剂，而厚度低于 2 cm的薄板石材在加工、运送、施工过程中都相当容易破裂，加工耗损约为20%，运送和施工耗损为 5 % ~ 10%，因此在选用此项建材时，为避免装修时材料不足，一般会将耗损值估入所需数量中。

搭配技巧

· 空间 花岗岩的密度和硬度高，石材相当耐磨，适用于户外庭园造景，或者用作建筑物外覆石材。大理石纹理鲜明，是十分有特色的装饰材料。造价昂贵的玉石，因为具有如玉般的质感，通常运用于视觉主题或家具。

· 风格 大理石可表现尊贵奢华的豪宅气势，若为尺寸较小的石材马赛克，则能拼贴出具有个性化和艺术化的设计。而具有时尚感的板岩，规划为一面主墙或是转角，可让空间充满天然质感。文化石则较常用于营造乡村风、LOFT 风格。

· 材质表现 洞石质感温厚，纹理特殊，能展现人文的历史感，一般多为米黄色，如果掺杂其他矿物成分，则会形成暗红、深棕或灰色。经常运用在居室的大理石以亮面为主，若喜欢低调视觉感也可挑选凿面。

· 颜色 大理石主要有白色系和米黄色系，浅色系格调高雅，很适合现代风格居室，若是想要更有奢华感和气势，可选搭深色系大理石，防污效果也会比浅色系好。

电视主墙选用石皮结合灯光设计，由不同尺寸、纹理的石皮重新切割排列，再加以拼贴，需考虑色泽与厚薄度的衔接，对设计师是一大考验，但是可呈现自然粗犷又具有气势的空间面貌。
图片提供 _ 大湖森林设计

石材混搭

石 × 砖

复合材料的使用是住宅空间装饰材料应用的趋势，让空间更有层次、个性与变化。随着瓷砖技术的突破，瓷砖甚至可以具有仿石材的纹理效果，而且又比真正的石材好保养，也没有必须对花的问题。如果装修预算有限，又想要有石材的高贵、大气质感，不妨选用仿石材瓷砖去搭配局部天然石材。在风格的呈现上，不论是石材还是砖材，都有许多色系和质感的选择，视空间设定的氛围做搭配，假如向往自然朴实的感觉，可选择一面主墙铺饰洞石，再搭配有相近质感的砖材，彼此就会显得协调。从使用空间来看，大理石材毛细孔多，会有吃色的问题，假如是卫浴空间，地壁建议还是以砖材为主，局部在台面采用大理石材，就能带出精致感，也较符合现代人对自然、简约现代住宅的向往。

卫浴以冷色调为主，灰色渐层塑造卫浴整体风格，选用贝壳石材为主轴，搭配黑色台面与藏青色钢烤面板，灰色系地壁砖则让空间富有层次感。
图片提供_力口建筑

施工方式

图片提供_大湖森林设计

大理石铺设地面多采用干式软底施工，壁面则用湿式施工，壁面施工时通常用10 ~ 20 mm分夹板打底，黏着时会比较牢靠，但像是天然石皮的重量很重，施工时建议用铁构件为底，再以铁件悬挂于铁件结构上，会比夹板、水泥砂浆铺贴来得稳固。瓷砖施工也是分为地面和壁面，例如抛光石英砖地面现在多为半干式施工法，可避免产生空心的问题；马赛克砖宜选用专用黏着剂来增加吸附力，板岩砖拼贴应留缝2 mm，避免地震时隆起。

收边技巧

瓷砖转角的收边有几种做法，一种是加工磨成45° 内角再去铺贴，贴起来会比较美观。最简单的方式就是利用收边条，材质从PVC塑钢、铝合金、不锈钢、纯铜到钛金等金属皆有。如果石材、瓷砖面临铺贴为地面或壁面的情况时，则要注意两者的厚度，或是利用进退面的贴饰手法，来解决收边的问题。

计价建议

石材：根据种类的差异计价方式不同，有些石材还会另外产生加工费用，以切割方式来说，水刀切割费用较高。

砖材：多以面积计价，特殊材质如贝壳马赛克因取材不易，价格较为昂贵。

石 × 砖

空间应用

重色石柱扩张空间气势

楼高近 4 m的地下室条件极佳，于是善用地利，以两道矗立的板岩文化石柱巩固空间气势，中央带有凹凸触感的雅典娜石墙刻意做镂空处理，一来增加视野的穿透性，二来也让背面的卫浴没有封闭感。地面选用浅色木纹砖响应立面的休闲感，同时也避免湿气腐朽木板材的困扰。图片提供_尚艺设计

以精致石材提升卫浴质感

采光明亮、视线通透的卫浴间，利用意大利进口烧面砖做全面性铺设。米黄烧面砖不具反光性且纹理细致，使视觉干扰降到最低。由于地面、壁面为统一材质，柔和气氛使身心彻底放松。颜色偏白的冰晶白玉台面，借由干净色泽带来反差，并以原石的精致为空间的细腻感加分。图片提供_尚艺设计

灰砖与彩岩的绝色共舞

电视主墙以空心砖染黑叠砌，凝练出原始但不狂野的焦点印象。地面以同色系复古砖迤逦绵延，在微光反射中消除了暗色沉闷感。右后方顶天的彩岩墙其实是一扇门，以细铁件框边并分割成几何画面，不仅有助于拉高视觉，同时充当把手。粉色彩岩装点出缤纷效果，也使空间看来更有生气。图片提供_尚艺设计

以文化石叠砌增添层次感

选用60 mm×120 mm的灰色石英砖搭配橡木染黑海岛型地板，不仅有助于营造稳重的公共区气势，借由质地不同，也巧妙分割出客厅与玄关的界线，成为自然的动线引导。立面融入米白文化石元素，通过凹凸的触感丰富视觉层次，再以色调对比，创造出上浅下深的舒适平衡。图片提供_杰玛设计

变换线条营造活泼居室表情

西班牙进口的蓝色复古陶砖，借不均匀窑烧色彩让光影有细致表情。壁面以橘红色的文化石砌成，并灰绿色企口板作横向铺陈呼应。刻意以嵌有黑铁件的直条纹门板变换线条走向，使画面活泼不呆板。整体色彩走浓重缤纷路线，因此瓷砖的填缝强调出白色沟纹，搭配白色踢脚板，为空间带来清爽的感受。图片提供_尼奥设计

黑色抿石子搭配雾面玻璃的SPA情趣

浴室的墙壁及地板采用抿石子，洗手台面则是先以水泥塑形，并加装铁件支撑，再以抿石子覆盖在水泥上，使洗手台面呈现犹如悬空的状态。由于窗外视野并不美观，选用雾面玻璃取代透明玻璃，既可保持采光功能，又能保有安全感，整体空间呈现黑白的单纯画面，随着光影产生对话，让人拥有水疗般的沐浴享受。图片提供_相即设计

无介质，激化混搭质朴感

玄关刻意砌起砖墙再刷白，加上表面有炭烧效果的红色火头砖，勾勒出亲切印象。地面与墙壁间采用无介质设计手法，利用大团块的铁平石地面，冲激出不修饰的朴实感；搭配铆钉木门，更强化欧式乡村的豪迈风格。此区光线偏暗，故在天花板及鞋柜上运用青绿色增加活泼感，辅以白色实木衍架与间接灯光，大幅降低暗沉。图片提供_集集设计

长条状马赛克砖创造地毯效果

此为招待所与办公空间合一的居室，为区隔空间属性的差异，餐厨空间特别选用马赛克砖铺设，中岛台面则挑选色调协调却又能带出层次的天然石材，经过设计师精算尺寸，让台面正好能落在马赛克砖的留缝上，就能省去收边问题。图片提供＿大湖森林设计

米黄石材台面提升空间精致度

以度假温泉为概念的卫浴设计，其地面、壁面以及浴缸都是使用同样的瓷砖，壁面是原始瓷砖尺寸，地面则是再切割为30 cm×30 cm，并搭配交丁铺贴手法呈现如古堡般的氛围，浴缸则是再切割成仿马赛克般的尺寸，让整体浴室十分和谐但又有变化。淋浴区台面则是挑选色泽偏黄的天然石材，提升空间的质感。图片提供＿大湖森林设计

青苔绿色调营造自然生活

此案住宅以自然生活为概念，色调上以青苔绿为主色，营造犹如置身山林的感觉。看似如天然石材般的墙面，其实是仿石材的壁砖，比起石材更好保养，且抗污性好，加上适度地搭配蛇纹石台面，结合窗外植栽的穿透视觉层次，以及梧桐钢刷浴柜，呈现自然舒适的空间氛围。图片提供_大湖森林设计

点缀蛇纹石台面创造视觉焦点

为满足屋主对于自然森林的向往，空间材质、色系皆以自然朴实为选择方向。除了风化梧桐木之外，挑高电视主墙以质朴的空心砖作为垂直面的线条延伸，台面则特意挑选了一块墨绿色蛇纹石，当光线投射进来时即成为视觉焦点。施工上，考虑空心砖堆栈的稳固性，必须透过附着在一旁的铁构件与木作做结合，加上空心砖内植筋与水泥砂浆，彼此环环相扣，结构就非常牢靠。图片提供_大湖森林设计

石材混搭

石 × 水泥

近年室内设计工业风蔚为风潮，在清水模建筑引领流行趋势之下，关于水泥建材的应用获得高度注目及广泛讨论，但因清水模建筑造价不斐，风格鲜明，对其喜恶取决于个人的主观认识。折中大众品味与预算考虑，在建材选择上，抿石子、洗石子同样能够呈现水泥素朴踏实的空间质感，而相比单一石头或水泥的单调性，又能创造多种活泼组合，且更加发挥工法技术。例如传统闽南建筑老屋常用的洗石子，最能呈现岁月累积的生活温度，在强调复古室内设计运用上，尤其被老屋爱好者偏爱。

由于石头和水泥本质皆为冷调色彩，两者混搭所形成的特殊效果，无论空间是现代风格还是自然休闲风格，甚至和式禅风皆能融合。若选择琉璃玉石混搭，也能仿造出西班牙高迪风格的异国情调，其中又以浴室更为适合使用抿石子，特别是休闲风的浴室，不只可以用抿石子作为浴室壁面的材质，还可以利用抿石子砌成浴缸，营造出沐浴的休闲感。另外，开放式厨房可以用吧台作为区隔，使用抿石子砌成吧台，让空间更具休闲氛围。

石头和水泥本质皆为冷调色彩，两者混搭形成的特殊效果，无论空间是现代风格或自然休闲风格，甚至和式禅风皆能融合。
图片提供 _ 里心设计

施工方式

不论洗石子、抿石子还是清水模，皆属于高技术的装修工程项目。洗石子、抿石子的施工工法是将石头与水泥砂浆混合搅拌后，抹于粗胚墙面打压均匀，多用于壁面、地面甚至外墙，而抿石子的人工表现手法较强烈，洗石子则偏自然质感。拿捏技巧取决于石材颗粒的大小粗细，小颗粒石头铺陈为墙面，呈现细致简约，大颗粒石头散发自然野趣感，而深色的石头则会随时间和抚触次数愈显光亮，在空间设计上是相当有趣的壁面材质，依照不同石头种类与大小色泽变化，能不同程度地展现居家的粗犷石材感。

但在施工过程中，因会抿掉或洗掉小石头以及流出许多泥浆水，施工前务必要完善规划排水设计，以免小石头或泥浆水流入排水管，一旦排水管阻塞就报废了。磨石子用于地面时，经滚压抹平，待干燥之后，再以磨石机粗磨、细磨、上蜡，因关乎地面平整性，相较其他材质工法更注重细腻度。

收边技巧

在石材和水泥的组合上，并非每种状况都需使用到收边。例如清水模本身材料厚实，讲究施工精准度，只有一次成败机会，若采取收边，极可能造成撞坏成品的后果。又或者文化石需在角砖做收边处理，但绝不能用在地面，因为文化石是使用石膏灌制而成，质地较脆弱。

抿石子不论地面、墙壁皆适用，由于材质本身热胀冷缩的特性，往往施工时会保留线边，且施工过程尽可能一次完成，否则有产生色差之虑。至于收边考虑则是因人而异，抿石子因质地薄且易碎，一般而言可利用金属、塑料作为收边媒材，反而是面材色彩应用其实是相当主观的判断。例如黑色石材搭配乳白色压条是一种冲突的组合，除非特意用于特色空间里，否则仍应以视觉舒适感为优先考虑。而在抿石子表面记得要涂上一层薄薄的纳米防霉涂料或者透明的环氧树脂，以便维护，且会更有光泽。

计价建议

石材：依据不同种类，可选用面积、质量计价。
水泥：以面积计价。

石 × 水 泥

空间应用

用文化石墙延续设计风格

公共区地面以水泥粉光做单一材质延伸，使分立的功能区能借地材统合成一个大的单位，更显宽阔。餐厨区选用了米色文化石适应周边材料，并于廊道端景也规划了相同设计作为呼应。而LOFT空间可完全开放，也可进行分割的灵活弹性，则让家居生活有更多可能。图片提供_泛得设计

极简白色空间以白色磨石子增添层次

整体空间以白色为主，难免显得过于单调无趣，因此主卧以白水泥＋白石子，打造无接缝磨石子地板，借此呼应毫无赘饰的白色空间。略带粗糙感的磨石子地板，也替极简的空间增添层次与变化。摄影_沈仲达

运用洗石子质朴感，营造日式温泉氛围

卫浴墙面与浴池皆以洗石子铺陈，辅以水泥粉光地板和木作柜体，日式温泉浴场的风味油然而生。沉稳的灰色调让空间显得稳重，营造出悠闲的温泉氛围。图片提供_里心设计

石材混搭

石 × 金属

在众多装修建材中，金属材料因具有高强度、延展性及安全性、耐久性等优异特点，向来是现代空间装修中的重要材料，同时也是建筑结构的重要元素。但除了在装修工程中将金属视为结构的支撑要件外，在现代空间、LOFT风格、乡村风格设计中，也可见到金属建材以重要装饰材料的角色，与各种不同材质在同一区域中相互映衬或竞相争美，其中金属与石材的混搭运用则是相当具有代表性的组合。将分属于不同领域的天然石材与金属作不同材质的混搭结合，可谓是自然界与工业的交会，这两种元素在设计上分别传达出对自然的向往以及对当代工业的歌咏。从材质属性上来看，石材与金属虽均具有冷硬特色，但石材仍可借由不同色泽与加工处理创造出暖色系与放松休闲感。例如洞石、木纹石或文化石等，这类石材可与金属混搭出对比美感，有别于一般石材光洁、冷傲的印象。至于金属又可分为乡村风中常用的锻铁、现代空间的不锈钢及时尚风格中常用的钛金属等，虽都是金属，但质感与效果却有天壤之别。

以薄片板岩平衡铁件的冷调气息，通过玻璃的反射与对称，打造出视觉平衡的美感。
图片提供_禾筑国际设计

施工方式

所有建材施工都要优先考虑其安全与功能，因此，在石材与金属的混搭运用上，先得厘清彼此的关系。因金属的强度与可弯曲等性质，运用时多半侧重于结构支撑。至于石材则凭借丰富石种与优美纹路的优点，加上独具尊贵与沉稳质感，多被使用于主要的面材上，也构成彼此相辅相成的搭档关系。在这样的结构下，施工顺序多半是先依结构需求制作出金属骨架，例如楼梯、柜体、台面等均是焊接好结构后，再至工地现场覆盖其表面石材，例如踏阶面、桌板、层板。值得一提的是，早期石材因本体厚重，施工上需多加考虑安全与承重问题，近年来已采用新的科技工法研发出超薄的石材，厚度仅为传统石材的1/2或1/3，因为整体变轻了，不仅施工更为方便，安全性提高，而且也更环保，对于喜欢石材的人来说是一大福音。

收边技巧

在石材与金属的结合中，若是二者之间有结构性的接触，则必须使用五金锁扣做固定。但若是平面的拼接则多半有其他的介质，例如装饰主墙上的石材多是固定于背景墙的木角料上，而金属铁件也可另外安装于背景墙上。但要注意彼此间的尺寸搭配，二者交接处的尺寸测量愈精准，则密合度会更好，质感也能表现更完美。另外，也有设计师希望让金属铁件像从石材中“长”出来的一样，这就必须先将金属固定锁进地板或墙板后，再将打好孔的石材套上铁件，并打上硅胶填补缝隙，同样要特别注意尺寸的精准拿捏。一般来说，因石材本身极脆弱，所以工序上都是最后在现场做拼贴，而收边技巧上无论是金属或石材最好都事先做好倒圆角的设计，以防止尖锐角度造成的安全问题。

计价建议

石：以使用的石材计价，施工另计。

金属：以使用的金属及设计计价。

石 × 金属

空间应用

展现本质，让居家更自然

不使用过度修饰过的精致材质，而将粗糙、原始的锈铜片直接立在起居空间里，为线条紧致的空间增添自然居室的元素。图片提供_沈志忠联合设计

不规则兰姆石墙表情自然生动

为了放宽空间感，客厅中以宽版木地板搭配电视墙横向拼贴的石材，使面宽能有延展效果。有趣的是，在流动感的石墙上嵌挂着光面不锈钢电器柜，对比出自然与现代的时尚品味。图片提供_近境制作

石材地面转折至壁面，隐喻更大空间区域

书房内刻意将石材地面转折至壁面，采用隐喻延伸的手法，成功创造了空间的场域性。再搭配光面不锈钢的柜体与内嵌的铁件层板，打造出细腻而个性化的生活美学空间。图片提供_近境制作

纤薄线条，切出如画般的岩壁山色

卧房内陈设简单，仅在墙面适度嵌入纤薄的金属铁件层板，体现屋主内敛个性的生活品味。同时将纤薄铁件化作利落线条，如设计符号般地转化至门框上，在放大比例的门框上借由简洁的线条切割出明朗的画面，让房间外的岩壁山色如画般地呈现在眼前。图片提供_近境制作

流动感石纹与光感不锈钢的冷冽邂逅

主卧浴室内希望能营造出自然意象的洗浴环境，分别在地面与壁面以石砖与石材做铺面，浓黑的锈铜砖与深具张力感的石纹，充分突显出独立式浴缸的洁白、优雅线条，再搭配不锈钢的层板与面盆区的柱状线条，营造出利落与光感的生活品味，让洗浴也能成为一场美的盛宴。图片提供_近境制作

白色文化石主墙面营造留白的生活感

选择白色文化石作为主墙面，强调纯粹留白的空间意境，包括白色文化石缝也全使用白色，在设计上避免黑色或灰色形成密密麻麻的压迫感。由于文化石会有色差，所以待施工完成后，再刷上一层油漆，以便保持文化石主墙均质和干净的舒适感。图片提供_相即设计

以磨石子材质为空间带入自然质朴感

以黑水泥与磨石子的工法为屋主量身打造一座复合式吧台水族箱，同时也界定客厅与餐厅两区，而在餐厅区内则以铁件楼梯与天花板裸露管线来对应磨石子设计，呈现更多LOFT质感。图片提供_邑舍设计

石 × 金 属

极简色、极优质、极致工艺，建构的极品生活

房屋状况

地点：台湾台北市

面积：231 m^2

混搭建材：拓采岩、金属钢构

其他材料：赛丽石、皮革、金属烤漆、磐多魔、波龙地毯、仿古藤编

文 / 郑雅分

空间设计暨图片提供 / 森境建筑 + 王俊宏室内装修设计工程有限公司

VAIO

面对比设计师更具设计师性格的屋主，王俊宏设计师不仅在工作上兢兢业业，更享受因彼此相知相惜而碰撞出的火花，也借此能有更完整的设计表现。由于了解屋主对厨房生活的重视与讲究，所以设计讨论就是以厨房为起点，在遍寻各进口高档厨具，但总觉得与理想不符的状况下，设计师决定请厨具公司提供设备与部分建材支持，由自己来设计这套专属于屋主的厨房。首先，先选定拓采岩作为厨房柜体的铺面材质，以粗犷而细腻的表现手法砌出阳刚特色，并以同款拓采岩向外扩展至客厅、玄关、书房主墙等主视觉面上，使之成为起居空间的材质主角，接着依此延伸出周边搭配的材质设计。

此外，双面落地窗的室内采光条件虽不差，但因餐厅面被连接顶楼露台的钢筋混凝土结构楼梯遮挡，为求更具光感的空间氛围，设计师决定将体量巨大且具有遮蔽性的楼梯改为钢构材质，利用金属的高支撑力与延展性，让空间线条可以尽量纤细、简化。再搭配波龙踏阶的材质设计，除了让楼梯展现极致工艺的美感，身体也能享受阶梯的舒适触感，同时室内的光线与视野都获得最大享受。更重要的是，通过拓采岩与铁件钢构的冷调酷石感，展现出屋主喜爱的空间质感。

1

① **钢构楼梯串联出纤细舒适的美感线条** 在整个环绕着拓采岩石墙的公共空间，能与之分庭抗礼的对象是规整线性的金属钢构楼梯，这也是整个室内最大的材质主题。通过餐厅的前景铺陈，可以看到临窗钢构楼梯展现纤细的线性美感，使之成为整个公共空间中的美好端景。同时搭配楼梯对应至地面的枯石山水摆设，以及自然光影变化，更能营造出典雅意境的用餐氛围。

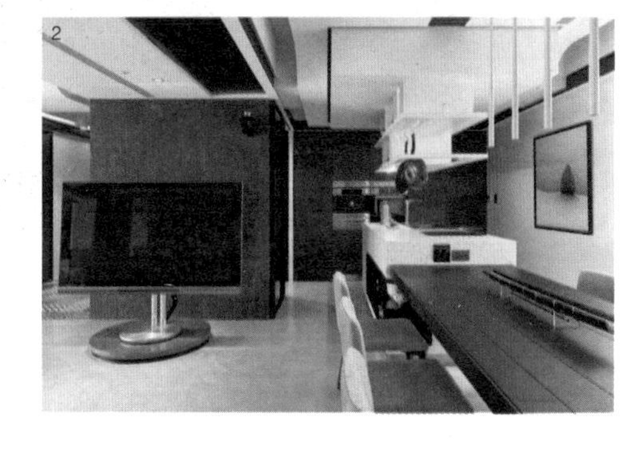

② **全展式拓采岩石墙，突显不锈钢的精质美感** 从餐厅至客厅一路延展的拓采岩石墙，是整体材质设计的起点与重点。餐厅电器柜因石墙的粗犷自然，而能突显电器设备面板的不锈钢的精致触感，另外，白色的吧台区则以赛丽石搭配黑铁嵌入柜体细节作简单收纳，完美而流畅的混搭，也考验着设计师对于不同材质尺寸上的精准掌握度。

❸ **以全开岩壁画面映衬玄关的艺术赏宴** 通过全开的拓采岩壁，搭配金属的瓶状艺术端景来呈现玄关印象，让宾客一入门即可感受到主人的生活品味。事实上，这花瓶不单是艺术品，其下端是精心挑选的重低音喇叭，并被巧妙设计为玄关端景。而左侧造型洗手台则提供入门的清洁服务。

④ **圆弧线条，柔化黑白与棱角分明的冷硬空间感** 为了呈现简约现代空间印象，无论是任何材质，设计师均将之化作黑与白的单纯色彩，同时在空间线条上则是追求棱角分明的精准与正直。为了避免过度冷硬的空间质感，设计上特别以圆形地毯、圆弧倒角的桌几与3/4圆的沙发来柔化线条，也改变了金属、石材与简约色调给人的距离感。

⑤ **金属烤白与石材共构利落空间感** 从餐厅望向开放格局的客厅与书房，完全可以感受到室内的开阔，也让家人共聚时更有互动。而为了提供更舒适的生活触感，餐桌采用皮革绷面取代石材，至于吧台工作区则铺上硬度与抗菌力均佳的白色赛丽石材，并在吧台上方以金属烤白设计灯具与设备架构，少了金属的冰冷感，多了几分利落优雅的空间质感。

⑥ 黑底白柜的抢眼设计，让书房成为美丽端景 为强化公共空间的整体设计感，在书房背景墙上同样延续着拓采岩片的铺面，同时在墙面上内嵌超薄的白色烤漆钢板。石材与金属混搭的造型主墙黑白分明、相当抢眼，除提供书房的展示与收纳功能外，并与天花板的点状灯光有了几何主题的串联，在整个开放式的客、餐厅区域中，也成为醒目的端景。

⑦ 运用弧形曲线层板，满足各式尺寸书籍收纳 设计师除了选用拓采岩墙壁的铺面来呈现书房立面的底色外，也利用钢材的硬度与延展特性，设计出超薄的烤漆钢板来打造曲线变化的书柜层板。此设计除了以活泼造型来丰富画面外，设计师的设计意图为：因不同书籍有不同尺寸，这些深浅、高低皆不同的层板刚好可以满足各式书籍的收纳。

⑧ 黑色古典糅合出迷人的现代女性风格 卧房内利用黑白对比配色作为空间整体基调，首先在床头背墙大胆铺贴了深色调的古典线板，通过中性色调勾勒出女性空间的柔美感，并于地板上铺设了深灰色波龙地毯，在冷调的空间氛围中提供舒适柔软的体贴触感。穿过铁件玻璃拉门则是专用浴室，石材台面搭配古典花镜与现代家具形成趣味对比。

⑨ 99 m²露台，变身彩光风影的奢华派对 顶楼区域除了在周边以绿植墙与园艺设计来美化环境外，设计师也特别打造了露天按摩池、自助吧台、木制餐桌椅，以及七彩发光的户外沙发区，华美的气氛与贴心设计，让屋主可以邀请亲朋好友来此欢聚，也可与家人一起共赏夜景。

8

9

石 × 金属

日光、石墙、岩壁，打造静好阅读空间

房屋状况

地点：台湾台北市

面积：145 m²

混搭建材：石材、铁件

其他材料：壁布、玻璃、钢刷木皮、木地板、波龙地毯

文 / 郑雅分

空间设计暨图片提供 / 近境制作

“希望家人回家后能够一起阅读书籍、分享生活。”这是喜欢阅读的屋主对家的期许，也是设计师对此空间的主要规划依据，双方再三讨论后决定将客厅视作共读空间，而餐厅则要能成为谈天互动的区域。为了满足屋主明确的空间功能需求，同时也要让室内面积做有效利用，将公共空间做开放格局设计势在必行，而如何借由材质的铺陈与切分，让每个区域有完整区域感与对应的端景画面则是设计重点。首先，在客厅先以大地色石材铺面将两支结构柱体与卧房门整合进电视主墙，且搭配光泽感的金属屏风来定位空间区域。为了满足此区的阅读功能，在客厅左侧墙面规划一座与大面落地窗同宽的石材面书柜，而下方则搭配铁件做开放式收纳，超大面宽的石材书柜墙面宛如电视墙的延伸，而且书籍的收纳量也十分惊人。另外，餐厅则选择以灰色石皮铺面，3D立体的粗糙面加上参差嵌插在岩壁面上的薄铁件层板，异于光面石材的无暇感，却呈现出另一种放松的空间质感，让家人可以轻松地在此闲谈家常。在餐厅旁的开放厨房则以铁件与石材共构一座纤薄美感的吧台，搭配内部白色钢烤厨具，十足的现代品味恰可与前端黑色的钢琴区呼应，也满足家人对生活的期待。

1

① 多元大地色调石材，演绎各区空间的生活温度 不仅在木、石与金属铁件等不同材质之间转换空间表情，进一步在书柜墙、餐厅墙与地板等处，以三款不同石种、纹路及表面处理的石材，传达出各区空间的生活温度与设计变化，并取其共通的大地色调来糅合出和谐的空间美学。

② 与窗同宽的多层次质感书柜，让生活溢满书香 因公共区的开放格局设计，使大厅拥有双倍开窗及辽阔视野，而与之相映成趣的同尺度书柜也成为室内吸睛的景观之一。为了增加书柜的精致度，从地面的铁件踢脚板、木抽屉、铁层板到大理石门柜，层层相扣的多元质感与功能设计，满足了屋主阅读的需求，也体现了屋主的高品位追求。

2

③ 金属屏风与石材地面，明快区分内外感 由于室内采光极佳，在玄关进入室内的界定隔屏上，设计师选择以金属材质的立体条状屏风，斩钉截铁地做出内外区隔，也创造出室内更大的光影反差。此外，在地面上则运用石材与木地板的不同材质混搭做区域划分，让空间更有层次感。

5

④ 立体岩墙最具自然美感，促进家人共聚情谊 将具有纹理触感的石皮，以不同大小切割、些微色调差异，以及微凸不平的立体排面铺整于餐厅主墙上，让室内享有更具体真实的自然美感，具有舒缓压力的效果，再加上薄铁件展示架摆放屋主的收藏，诉说屋主的故事，也促进家人共聚的情感。

⑤ 大理石墙转折延伸，放宽主墙的气派质感 虽然电视主墙因两侧盘踞着结构柱体，加上夹有一扇卧房门而让主墙尺度受限，但因左侧的书柜采用同款大理石材做柜门铺面，加上由玄关延引入室的地面石材，使得主墙气势可以转折延续，形成L形的广角设计，而这大量丝滑质感的石材，也让全室享有更柔美的光感。

⑥ **轻食区兼具了美观性与功能性** 以屋主需求为设计依据，配置了开放轻食区以及右侧拉门内的中式厨房。其中轻食区更兼具美观与功能，除了后端有白色烤漆电器柜做美丽背景，前端的吧台更具有纤薄线条美感，利用金属坚硬特性做支撑，造就利落身影与现代设计魅力。而走道左侧以黑铁板为石墙收边，恰与白色轻食区形成对比。

⑦ **灰黑色阶拼接木质感，更显敦厚质朴** 为了避开床头的大梁，设计师特别在床头处规划了复合功能的橱柜，既满足了卧室收纳，又巧妙地避开了格局缺点。而在材质的应用上则先以灰色调壁布包覆做柜门铺面展现质朴美感，再与宽板的木地板及格栅线条的百叶窗帘相互映衬，梳理出安定沉静的休憩氛围。

⑧ 造型随功能而生的铁层板线条
从床头做出L形延伸的多功能桌板，既可避开结构柱压梁问题，也可增加不少收纳与展示、置物功能，而内部加装的间接光源则可作为夜灯照明。在书桌区运用灰黑色的壁布平铺，再利落地嵌入薄铁件作为书架与展示之用，简单的设计让造型随功能而生。

⑨ 黑白石材营造浴室的光洁美感
在主卧浴室内以黑、白双石材的搭配，营造出光洁、大气的空间美感，加上造型婉约的白瓷面盆与五金龙头，让洗浴的每一瞬间都是优雅。特别的是，在面盆区侧边的不锈钢材层板，与白玉般的石材意外合拍，辉映出柔和的光芒。

8

9

第3章

是配角也是主角的基础建材——砖材

砖 × 水泥

砖 × 玻璃

砖 × 金属

质感仿真多元，
既显精致润泽，亦能复古朴拙。

Bri

c k

图片提供_新睦丰

轻量化大砖，让环保与实用度向上加乘

砖材运用

趋势

木纹砖保留了木质温润自然的视觉感受，但却没有木材怕潮的问题，对于希望空间能有纹理的装饰感，却又不想太过繁复的人而言，是兼具人文美与实用性的良好选择。
图片提供_百达丽瓷砖

依据目前瓷砖市场趋势来看，大尺寸设计绝对是首要的新目标与挑战。由于瓷砖面积愈小，相对勾缝也会愈多，通过大尺寸瓷砖的铺陈，除了整体感更好之外，也方便做后续的加工切割，设计者无须额外开模制作特殊尺寸的砖，能有效节省时间，减少成本的损耗。目前大砖约有160 cm×320 cm、150 cm×300 cm等尺寸类型，应用范围广泛，可用在外墙、室内、地面、壁面等区域，黏着方式仍可比照一般瓷砖硬底铺贴工法。因瓷砖体积较大，所以在搬运移动上需格外注意，最好使用厂商所建议的搬运器具与方式，例如使用加长牙套的堆高机拆卸货柜，或以瓷砖专用的真空吸盘搭配固定框架，以避免其在搬运过程中折断。

传统制砖过程粉尘飞扬，对于水资源消耗也较多。通过大尺寸并降低厚度的制作方式，一来可降低生产耗能和运输成本，二来也减少对自然界矿产原料的开发，对环保有正面帮助。

此外，减少厚度的优点，一来是只要地面平整、没有空心的膨拱现象，可直接覆贴于旧的地面上，减少敲除的噪声、废料处理和扬尘污染。另一方面也可降低结构体负重。目前大砖厚度为3～6mm不等，若运用在商业空间地面，建议可选择厚度5mm以上的砖以增加耐用度。

和谐退潮，个性化当道

过去，多数人会希望住家有比较柔和清爽的感觉，因此，不论是在材质或是色系的选配上，皆会倾向温馨风格。若以木材跟砖的搭配来举例，早期可能会选择山毛榉这类颜色较浅的木皮，配上素面或纹理简单的暖色系砖做大面积铺陈，使整体空间呈现和谐、一致性的视觉效果。

顺应不同的设计潮流，在砖的选择上也有了不同考虑。例如，禅风盛行阶段，因为木作多以重色系表现，所以在砖的选配上也出现两极化思维，一是为了平衡深而特意选颜色浅的砖，另一则是为了呼应禅思的静谧，所以会挑选色泽偏暗，但更仿自然石感的砖质，但基本上以雾面或烧面这类反光性较低的砖材为主流。

以现代的趋势而言，因为强调个性化，在风格的选择上已不像过去那么统一。喜欢休闲自然的，可能就走橡木染白+木纹砖的北欧风。偏好田园质朴风格的，可能就用杉木配上复古陶砖，再镶嵌些许小花砖做点缀。而个性化明显的LOFT风，虽以铁件、水泥为主，但搭配马赛克砖或是图案、色彩强烈的砖，也能产生令人惊艳的效果。整体而言，将砖作为单一墙面局部突显，或是让各区域的砖有各自发声的舞台，都是未来常见的表现手法。

轻量化的大尺寸瓷砖，不但可减少缝隙、强化整体感，在制作上也更环保。大面积可以保留纹理、突显空间气势外，后续设计应用上亦保留了更多变化的可能性。
图片提供_新睦丰

风情万种砖材料，以实用征服空间难题

砖材解析

特色

仿大理石质感的砖，可利用工法降低缝隙，提升整体感。加上光滑性及反射性高，运用在现代风格的住宅，可以突显简洁但不失精致的空间感。
图片提供_新睦丰

如果将建案中经常出现的砖做分类，大致可区分为陶砖、瓷砖跟空心砖三大类。陶砖主成分为自然界陶土，室内外、地壁皆可应用。块状陶砖在庭院墙或花台的叠砌上经常使用，而平板式的砖片则以地面最为常见。由于色泽多半为橘红色系，给人温暖、古朴的印象，因此常见于乡村风格或是带东方气息的空间。

款式多元的瓷砖，组成原料则为石英、陶土、高岭土或黏土等成分。由于烧制温度不同会影响吸水率，故区分出16%～18%的陶质、6%以下的石质，以及1%以下的瓷质三种。运用在居室时，最好先以使用目的来做规划，例如水汽重的浴室，一定要选用吸水率低，但防滑指数高的产品；而想突显主墙气势时，就可依据视觉感受来做选择，大尺寸或者特殊效果明显的砖自然是首选。

优点

以高温烧制的瓷砖，因为毛细孔小、不易卡脏，加上耐酸碱，故容易清洁保养，几乎是多数瓷砖的共同特色。随着制作技术的进步，不但制作过程愈来愈环保，花色的选择也更加多元化，无论是何种风格空间，几乎都能找到相应的砖来使用。而砖的防潮特性，使其在室内外皆十分适用，加上有各式尺寸可以选择，让不同气候条件下的空间，皆能轻易满足美观与实用兼具的要求。

缺点

虽然瓷砖技术不断更新，但相较于天然石材，触感与光泽度上毕竟还是少了几分天然与精致。此外，虽可借由错落的设计手法来提升仿真感，但在整体的纹理表现上还是较为均质单一。另外瓷砖接缝普遍较石材明显，一来容易藏污纳垢。再者，铺面上的线条也较易造成视觉上的切割，进而影响到整体设计的细腻感。

搭配技巧

·空间　容易有脏污或汤水的区域（例如，玄关或厨卫），皆可采用瓷砖来增加清理的方便性。在公共空间的运用上，可采用大面积铺陈手法聚焦，以突显主墙的独特性。也可在地面、壁面局部镶嵌些许小花砖或腰带，达到增加视觉层次的效果。

·风格　基本上，光滑性、反射性高的砖，适合用于风格比较现代，或是强调高贵的精致空间。若希望空间更朴实或随兴一点，则不妨挑选颜色仿旧，收边也不那么讲究利落的复古砖。如果想东方味浓厚些，烧面的板岩砖也是不错的选择。

·材质表现　目前流行的砖材风格，多半还是以粗石面、烧面或雾面处理，这类砖材因为在视觉上更趋近天然石材，容易与各类风格搭配，加上粗糙止滑的触感，在地面、壁面的延伸应用中更广泛。

·颜色　若要营造活泼气氛，可以优先考虑对比色系，例如以融入了灰或白的非纯色来做对比，方能兼顾视觉上的舒适性。若是偏好低调，那么大地色系，如黑、灰、棕，可有效增加稳重感。至于带点金属反光效果的砖，在灯光映照下则可以有更多表情变化。

受到工业风盛行的影响，强调原貌的水泥砖，搭配LOFT空间里不可或缺的铁件元素，恰巧能吻合潮流。此外，亦可搭配质感冷冽的金属砖做呼应，也会有不错的效果。
图片提供_新睦丰

砖材混搭

砖 × 水泥

水泥因色泽偏灰，带粗糙感，吻合现代人返璞归真、重视原貌的设计思维，因此，过去较常在商业空间中见到的水泥元素，如今在家居空间中也常见其踪迹。不过，为提升室内使用质感，多半会再多一道粉光处理工续。而工法繁复严谨的清水模，则可借不经修饰的表面裸呈出原始的视觉张力。

就质地而言，砖与水泥都是坚硬、冰冷的材料，但不同于水泥的“真”，瓷砖追求的是变化万千的仿真。当两者结合在一起时，瓷砖的色彩、纹理恰巧能柔化水泥的刚毅，激荡出新的火花。想要营造知性自然气氛，可以选用木纹、石纹的非亮面砖。喜欢LOFT不受拘束的奔放，颜色饱和度高，或者普通的花色砖，立刻能在灰沉的底色中抓住视觉焦点。

而表面粗糙的空心砖，其色泽质地与水泥一拍即合，所以整体的彩度低，但氛围是随性、粗犷的。周边不妨多增加些透光设计，因为光线不仅能为暗沉空间带来生气，光影的位移也会丰富区域表情。若是采用橘红陶砖，则可强化出朴素、亲和的自然美。

砖与水泥都是坚硬、冰冷的材料，当两者结合在一起时，瓷砖的色彩、纹理恰巧能柔化水泥的刚毅，激荡出新的火花。摄影_Justin Yen

施工方式

敷水泥原本就是贴砖之前的必要程序，因此就工序来看，必定是先敷水泥再贴瓷砖。在瓷砖的施工工法上，分为干式、湿式、半干湿、大理石等数种。

干式的优点在于需要先做地板层的养成，平整度高，瓷砖的附着度也较牢固，缺点是成本较昂贵，也较费时。湿式的优点是成本低、施工迅速，但缺点是地板水平较无法掌握，瓷砖附着全靠施工经验。半干湿的做法是在水泥未干前将益胶泥抹到地板及瓷砖上，因双面上胶，附着度更高，不会有空心情形发生。膨拱问题是因热胀冷缩时泥地板与瓷砖的膨胀系数不同所引起的，可选用树脂成分较高的益胶泥，亦可直接使用铺贴瓷砖的专用乳胶，效果会更好。

大理石工法的优点是可以接受尺寸大跟厚度较重的砖，但因对瓷砖的尺寸、对花要求较高，施工速度慢，费用相对较高。由于每款砖的大小尺寸及吸水率皆不相同，故无法有统一的工法做遵循，但不论何种工法，施工前都需将地面清理干净，并去除旧有地板中接合不良的部分，方能避免日后有拱砖的现象。

收边技巧

常见瓷砖阳角收边方式有侧盖、收边条及尖角相接三种。

侧盖收边

所谓侧盖就是用一块瓷砖盖住另一块瓷砖的侧边，盖边方向则须依现场而定。侧盖有时必须送厂研磨侧边，所以必须选用透心石英砖类，这样才会与正面同色。有时也会将尖角磨圆增加美观。外加边条是最常见且方便的手法。

收边条

收边条的材质非常多元，款式从方形、1/4圆到斜边都有。PVC塑钢因成本低廉最为常见，但可能会有与瓷砖颜色、纹路搭配不协调的问题。施工前可先将边条结合后的观感也视为设计的一环，就能避免突兀窘境产生。如果选用的瓷砖凹凸面明显，因加工后不易密合衔接，使用修边条效果会更好。

尖角相接

尖角相接指的是于瓷砖内侧水切45° 角相接，优点是接合面只看得到一条垂直线，较精致美观，但尖角相对较锐利，也容易因碰撞而缺角。另一种类似的工法叫"鸟嘴"，类似45° 角相接，但保留2 ~ 3mm厚度不加工到边，这是透心砖收法之一，但太软的透心砖也会有破损的情况。

市面上虽然也有搭配瓷砖花色而出的专用转角砖，但因成本高，所以选用的人并不多。

计价建议

砖：以面积计价，并依据砖的款式及产地不同分别计价，且含工带料。

水泥粉光地板：以面积计算，且含工带料计价。

空间应用

木纹脱模升级壁面细致

先借由两堵板岩文化石柱将淋浴间和厕所暗纳其中，再以两座不锈钢洗手台及浴缸的简洁姿态创造美感。地处地下室湿气较重，两侧墙面以水泥当底材搭配木纹脱模技法，兼顾了吸湿及造型变化。衬上灰色复古砖应和，洗练的优雅风情自然表露无遗。图片提供_尚艺设计

水泥与木纹砖共构户外感觉

老房子改建的长形屋，为了引景添光，刻意将餐厅设在住宅末端，并与室内产生段差，周边再辅以清玻璃圈围，构筑身处室外的错觉。水泥阶踏与外部结构墙质感一致，模糊了内外分界。搭配刷白木纹砖，不但有经过自然洗礼的真实感，也能与露台的木栈板融为一体。图片提供_尚艺设计

现代手法突显花砖艺术价值

地板以带有浓郁色彩的花砖，局部使用在地面，有引导动线的作用，同时也可展现餐厅活泼气氛。壁面则以白色小马赛克砖搭配，刻意不做满，裸露部分水泥墙面，传递西班牙特色风情的同时，也能表现空间的独特个性。图片提供_直学设计

地板材质界定空间属性

客厅、工作室采用意大利进口黑色复古砖铺陈，在水平轴线的划分之下，餐厨改为采用水泥粉光地板，前者让粗犷的工业风多了雅痞味道，后者与白色厨具搭配更显自然朴实。图片提供_WW空间设计

粗犷材料演绎生活岁月感

为传达工业感的原始、粗犷意象，贯穿二楼的垂直墙面刻意敲打至可见砖面，其余墙面及地面则以水泥粉光呼应墙面不多加装饰的设计手法。过于冷调的空间，加入木元素，既能增添舒适的温润触感，也为空间注入更多的温暖气息。空间设计 _ 纬杰设计　摄影 _ 苏家弘

色彩墙为灰色基调注入生气

表面粗糙的空心砖，其灰朴色泽与水泥粉光地面展现材料原貌的特性一拍即合，除了营造自然随性的基调，亦让光影有更大的挥洒舞台。开放式格局，利用加了黑的苹果绿色彩墙突显区域重点，再融入温润但色彩浓重的木家具，传递出带有东方静谧的混搭风情。图片提供_集集设计

借框边手法突显区域光影

挑高商业空间通过大面积水泥粉光地面迎接明亮游移光影，过渡到另一区时，改以黑白花纹地砖跳出活泼，并借由不同材质地面处理，让区域轮廓更加突显。过道边框特别用黑色铁件与水泥拼接来呼应平面。框边能产生定景的视觉效果，身处不同的位置，能感受各自区域的独特，却又因色系与材料的同质而不失协调。图片提供_泛得设计

加高地面界定包厢空间

对应商业空间使用形态，利用水泥地板加高再搭配清玻璃的方式，圈围出独立区块。周边由花砖铺成，采用谷仓门形式，以杉木拼接成会议室推拉门板，一来可丰富色彩变化，二来也能借木质调和砖与水泥的冰冷，创造舒适的饮食氛围。图片提供_泛得设计

复古图腾与色彩带出怀旧味

选用带有复古图腾与色彩的花砖，并以不规则拼贴方式铺设地面，搭配原始粗犷的水泥粉光墙面，营造带有复古、怀旧感的空间，增添更多质朴、粗犷的味道。空间设计暨图片提供_方构制作空间设计

金属砖与泥色呈现酒吧酷炫风格

与住宅空间略有不同，酒吧的化妆室讲究的是个性与酷炫，因此在材质上选择以金属砖作为洗手台两侧的贴面，而中间则单纯以水泥裸色呈现。至于洗手台背面的小便斗，以及金属砖的勾缝则采用不锈钢板与不锈钢边条设计，粗犷中有细节感与光泽感，使化妆室也别有设计趣味。图片提供_邑舍设计

红砖与水泥，架构粗犷却又细腻的工业风

裸露的红砖墙是空间里的主视觉，采用低调质朴的水泥粉光地板呼应，即架构出一个不修边幅又个性的工业风空间。弥漫着粗犷工业风气息的房间，摆放着以锈蚀处理的粗水管和厚实木板定做成的床架，呼应风格之余，亦展现空间的随性与精致感。摄影_Justin Yen

拼贴不同材质，增添空间层次感

墙面与地面采用水泥粉光与灰色雾面地砖，组构出以灰为主视觉的空间。选择以水泥粉光与雾面地砖两种不同材质做拼组，视觉上可让易显单调的无色彩空间增加层次感，且有别于滑面的地砖，雾面地砖粗糙的触感更能呼应水泥墙面的纯朴质地。图片提供_法兰德室内设计　摄影_邱创禧

砖材混搭

砖 × 玻璃

玻璃具有穿透性的特色，可让室内外光线顺利接轨，也因此是装修时创造明亮度与宽阔感不可或缺的好帮手。无色透明的清玻璃或强化玻璃，因为能见度最高，即使作为隔间墙也能将视觉干扰降到最低。与砖结合时，多半会退居为烘托与陪衬的角色，使视觉更能聚焦在砖的变化上。

另外，可依砖的色系选用半透光的喷砂、夹纱玻璃，或是单色的彩色玻璃，都能因折射性降低而提升搭配的和谐度。而运用不同技法或彩度变化的装饰玻璃，如彩绘、雕刻、镶嵌玻璃等，会因图形的变化使空间有活泼的效果，所以周边搭配的砖材除了可以选用朴素一点的款式之外，有时亦可选用像红砖、烧面砖这类强调休闲感的款式，反而能强化温馨与丰富的格调。

而深受喜爱的玻璃砖，分为空心砖与实心砖两种。实心砖是扎实的玻璃材质，虽然重量较重，但光线穿透性较好。空心砖重量轻，可做的空间范围比较大。运用于局部墙面时，因在堆栈时线条表现已经非常突出，建议搭配涂料墙，而非分隔缝隙较多的砖面。

清玻璃因为能见度最高，作为隔间墙时能有效破除封闭感；与砖材结合时也不怕会抢了砖的风采，反而能借光线使砖的表情更有变化。
图片提供_新睦丰

施工方式

因强化玻璃就算打破了只会碎成颗粒状，故目前居室多半运用强化玻璃来兼顾美观与安全性。当作隔间或置物层板用的清玻璃，最好选择10 mm的厚度，承载力与隔音性较佳。安全性更高的则是胶合玻璃，由2片玻璃组合而成(最常见的为厚度5 mm+5 mm)，中间有层胶黏合，可让碎片连在一起而不飞散。

除了预留适当空隙嵌合玻璃外，安装玻璃前需要先以合成橡胶垫块置于玻璃片底部1/4长度位置，且垫块应使玻璃与框架距离1.5 mm以上，并固定于玻璃开孔位置上。安装时表面不得有灰尘、腐蚀物及残渣等杂物。安装须在气温高于5℃，且预测前24小时内不下雨的天气下完成。当玻璃周围及框架温度低于5℃，以及框架受雨、霜、水滴凝结，或其他原因而潮湿时，不要进行镶嵌玻璃工作，也不要使用液体玻璃填缝料。安装时不慎沾上水泥、灰浆等，应在未干前以清水冲洗或湿布拭除。油酯类污物则以中性皂水或清洁剂洗除，并擦拭干净。

收边技巧

就砖与玻璃的结合而言，除了进行单面的砖材铺贴之外，最好还能往转角侧边延伸1～2 cm的砖面距离。主要目的在于两个立面材质衔接上不会有突然中断的感觉，而且通过内侧水切45°角相接，再做倒角处理，空间的精致度跟安全性上会有更好的表现。不同于地面采用湿式工法，立面采用的是需要二次施工的干式工法，不但整体的平整度高，瓷砖的附着度也较牢固。

玻璃的施工除了需要先在实墙或地面处预埋铝条当作勾缝外，勾缝尺度也要宽些。除了玻璃本身的厚度外，最好再多出0.5～1 cm的幅宽。目的在于减少工程碎料的产生，同时也保留热胀冷缩空间。两块玻璃相嵌处采用垂直接合手法，最后再上硅胶固定。为了修饰砖跟玻璃的接合处，可以采用铁件做成灯带的手法来当作收边。但要预先埋好铁件的位置，以便之后安装LED灯条和铺砖。

计价建议

砖：以面积计价，并依据砖的款式及产地不同分别计价，且含工带料计价。
强化玻璃：以面积计价，并依据厚度及平滑度等不同分别计价。

砖 × 玻 璃

以细致质感统整丰富材料，透光材质为长形空间引入自然光线

房屋状况

地点：台湾台北市

面积：99 m²

混搭建材：仿清水模瓷砖、玻璃

其他材料：天然铁刀深沟纹自然拼接处理、胡桃实木皮、绷布、仿清水模瓷砖、新沃克灰石材、白瓷砖、卡夜明珠石材仿古面处理、蒙马特灰石材、银狐石、铜镜、烤漆玻璃、5+5 胶合夹砂玻璃

文 / 陈佳歆

空间设计暨图片提供 / 沈志忠联合设计

隐身在大都市的住宅，是典型的狭长屋型，伴随着采光不足与邻栋距离过近的问题，在解决光线及格局之余，设计师运用自然的材料打造符合当代的空间风貌。踏入空间，即可感受到精致的银狐大理石地板带来的时尚感，同时也作为引入室内空间的玄关廊道。邻窗的大理石平台设定为女主人练习瑜珈的地方，为维护与邻栋之间的隐私，练习时以透光的窗帘遮蔽，当在客厅活动时则可以打开窗户引入充足的光线，再以活动夹纱玻璃拉门适度保有隐密性。除了以高低落差界定内外空间，同时，进入公共空间后由大理石材转为以实木地板全室铺陈，通过脚踏木材的触感来体会居住空间的温暖。客厅电视主墙采用仿清水模瓷砖，表面较为细腻的砖材质地展现水泥的质朴气息。位于中段的书房以活动拉门创造使用弹性，其中白色镂空书架与玻璃隔间让视线穿透至后方更衣间，再透过穿衣镜的折射使长形空间因此拥有景深层次。主卧墙面延续客厅仿清水模砖，床头改以绷布缓和砖材的冰冷感，在没有对外窗的主卧卫浴与卧房共享的墙面上方，开出一道玻璃长窗以引入后段的光线，即使在环境条件有限的都市中，擅用材质特性同样能打造出具有人文气息的时尚空间。

① **地面材质转换与高低落差设计界定区域** 从入口开始即以银狐大理石打造地面，抛光面白色大理石为空间带来精致高雅的质感，高低落差设计不仅界定区域，也成为可随性坐卧的平台。主要生活空间采用触感舒适温暖的实木地板铺设，让触觉随着不同材质的转换而感受不同空间属性。

② **半透光材质保有居住隐私同时拥有良好光线** 女主人平时有练习瑜珈的习惯，将入口处的架高大理石平台规划为练习区域，借由透光窗帘调节照入的日光强弱，另外也增设玻璃夹纱拉门维护与邻栋之间的私密性，即使拉开窗帘也能安心地活动。

2

3

③ **掌握材质质感搭配出都市现代风** 客厅空间以丰富的材质搭配，选择仿清水模瓷砖呈现水泥的质朴色感，也与扎实的木地板呼应，局部墙面则采用精致的银狐大理石转换视觉焦点。公共空间皆以表面质感较为细腻的自然材质铺设，因此融合出简单却不失现代感的居室风貌。

④⑤ **活动隔间书房增加空间延展** 在面宽较窄的长形空间中段规划书房，利用活动拉门创造空间的延展性。拉门完全打开时形成开放式空间，使整体空间的动线串联更为流畅，也能根据使用需求提供独立空间，通往后段卧房的过道也不至于过于狭长。

❻ ❼ **高玻璃开窗使卫浴不封闭** 位于空间中段的主卧卫浴没有对外开窗，为了让卫浴不过于封闭阴暗，特别在主卧及卫浴共享的墙面上方开出横向玻璃长窗，让卧房的光线也能透入卫浴空间。

8

9

⑧ ⑨ 穿透式书架与材质创造空间景深 开放式的书房搭配烤漆铁件制成的镂空书架，后背则以清玻璃为隔间，让视线能从公共空间穿透至后方更衣间，再由更衣间的穿衣镜反射前段空间景观，借由材质的穿透和反射特性创造有趣的视觉景深，使空间有无穷尽的延伸感。

砖材混搭

砖 × 金属

砖材属于表面装饰材，由于耐污、防潮、好清理及施工容易，几乎能适用于所有空间，在很多地区居家之中是广受喜爱又不可或缺的建材之一。过去砖材表面表现较为有限，大多作为空间基础结构的表面修饰之用，较难成为展现空间特色的主角，但近年来，现代人对居住风格与质感愈有要求，砖材的烧制技术也不断提升，开始在砖材表面玩起各种创意，其中仿木纹砖、仿石材砖及仿清水模砖，逼真的质感纹路甚至使其成为天然材料的替代材质，使砖材与其他材质的搭配也就有了更多可能性。

质地坚硬的金属一般较常使用的有生铁、铁以及不锈钢，黑铁需经过烤漆处理以防止生锈。金属质感冷冽，运用在居室之中表现出现代、个性的感觉，目前常作为柜体结构或装饰修边。镀钛钢板也是近年从商业空间延伸使用至居室空间的金属材质，在不锈钢表面镀上钛金属薄膜，或者将事先制作成型的金属材质再发色，应用于空间装饰，给人精致高级的时尚感。而瓷砖是烧面建材，和金属虽然本质上有差异，但皆传递出冰冷感，搭配时要注意使用比例及主从关系，或者以视觉上较为温暖的木纹砖搭配，才不会让空间过于清冷。

由于砖的生产技术日益进步，因此有更多可能性，也能与更多不同建材做搭配。而受近年工业风影响，砖材甚至也常与金属做搭配，营造较为冷调、随性的个性空间。
摄影＿沈仲达

施工方式

瓷砖施工关系到呈现的观感及牢固安全性，因此施工前应依瓷砖的尺寸、规格、材质、使用地点及用途来评估使用工法及黏着材料，并依墙面尺寸做瓷砖配置，避免剩余过多零碎尺寸的瓷砖。瓷砖施工大多以水泥砂浆为黏着剂，并以海菜粉水泥添加剂使水泥砂浆保水，使其不会太快干燥，因而提高贴砖效率。地砖施工方式主要分成硬底和软底两种工法，而软底施工又可分为干式、半湿式及湿式。其中半湿式是湿式施工的改良工法，可降低地板拱起空心的问题。

金属材质以铁及不锈钢为居家常用的金属，较常应用于门窗框架、楼梯、书架，目前同样发展出各式种类与规格的铁材，包括扁铁、扁钢、铁条、铁板、空心方管、扁管、圆管、L形等边角钢、H形钢等，以便于后续加工使用。由于金属硬度高，制作上有一定难度，金属细部必须以焊接加热方式接合，折弯成型也需采用特定机器，因此需先规划好设计图再交由专业工厂预制所需的造型组件，再到现场组装成型。

由于金属铁件与壁面或墙面结合时需钻孔锁螺栓固定，因此瓷砖与金属铁件施工先后顺序可以视设计是否要将接合面的螺栓外露而定。像近年流行的工业风以外露结构展现设计风格，便可先施工瓷砖工程之后再锁铁件，但要留意金属结构承重的问题，螺栓钻孔点尽可能在瓷砖的接缝处，以免部分硬度不足的瓷砖发生破裂的情形。若是要隐藏固定螺栓，必须先将铁件固定在基层，再做后续贴瓷砖的工程。铁件工程在施工前最好将瓷砖尺寸一并考虑，以确保接合处能完美呈现。

收边技巧

瓷砖在施工完成后需要填缝处理缝隙，选择质量较好的填缝剂可以预防缝隙发霉或脱落产生粉尘的问题。目前市面上填缝剂的种类大致有水泥、砂胶、水泥加乳胶或环氧树脂等。填缝剂不断推陈出新，早期一般多为白色、水泥色，现在已调制出多种色彩以搭配居室风格，而强调防霉抗污功能的填缝剂则适用于厨房、卫浴，填缝剂中若有添加乳胶更能提高耐磨度、黏着度及弹性。为了美观及安全必须在转角处收边，常见收边方式大致有收边条、内侧45° 角相接以及侧盖边几种。

金属材质经过裁切后会有锐利的毛边，而且通常愈厚边缘锐利程度愈明显，而不锈钢材质边缘又比黑铁更尖锐。因此若用金属材质制作书架、桌面等家具，会将手经常接触的边缘做往内折弯的收边处理，从侧边看起来会有一个厚度存在。若是希望能让铁片展现轻薄的视觉感，可以请厂商以打磨机去除金属边缘毛刺及尖角，打磨平滑至不会伤手的程度，再经过烤漆处理防锈并确保使用安全。而在卫浴的瓷砖墙面安装五金配件，一般会在螺栓外再盖上五金护盖，以修饰瓷砖面的螺栓接合处。

计价建议

砖：以面积计价，并依据砖的款式及产地不同而分别计价，且含工带料计价。

金属：依据使用金属及设计不同而分别计价。

砖 × 金 属

空间应用

大理石填缝剂，瓷砖也有石材效果

一般大理石单价高且可对花，此户住宅选用进口瓷砖，因此设计师特意结合不锈钢条做出不对花的拼贴效果，加上选用大理石填缝剂进行填缝，就能呈现出石材般的感觉。而金属条则黏着在木板与瓷砖之间，可修饰瓷砖的厚度。图片提供_界阳&大司室内设计

冷色调建材添加锈蚀感，呼应砖的历史感

以清水砖堆砌墙面，用泥浆加上黑色色粉，填补砖与砖之间的缝隙，让每一块砖更加立体，搭配锈蚀铁板，让利落的清水砖因锈蚀铁板具有历史感，且不失质感。图片提供_竹工凡木设计研究室

第4章

水泥

最能传递空间纯粹质朴感

水泥 × 金属

水泥 × 板材

造型表现多变，粗犷纹路突显，
展现人文质感的舒适风格。

cem

ent

图片提供_无有设计

从配角变主角
粗糙多变质地展现现代简约空间

水泥运用

趋势

水泥原始的质感与颜色，最能展现随性的生活态度，因此愈来愈多的人倾向不多做修饰，让水泥原色直接裸露于家居空间。
图片提供_澄橙设计

水泥，是当今世界上最重要的建筑材料之一，是一种具有胶结性的物质，能将砂、石等骨材结合成具有相当强度及耐久性的固体，故水泥也成为用于建筑构造的胶结性材料的总称，依照胶结性质的不同，可分为水硬性水泥与非水硬性水泥。比如有些地区使用的是水泥混和水及砂石的混凝土，就是加水后能起水化作用的水硬性水泥，亦即水泥在凝结及硬化的水化作用过程中，必须有水的供应才可反应作用。各种硬化水泥中，又以英国人Joseph Aspdin在1824 年发明的波特兰水泥最为普遍，即将石灰石及黏土混合后，在竖窑内烧制而成的一种水泥，而后将其研磨成细粉，加水硬化而成，随着建筑要求愈来愈高，波特兰水泥已发展有100多种。

由于水泥过去多以未经修饰的粗糙表面呈现，在装修设计上，传统多以石材、石英砖或木质材质呈现，使混凝土材料大多隐藏在这些表面材质后面，作为基础的架构或重新粉刷、铺设砖石之用。但近几年来，随着安藤忠雄带动清水模建筑的兴起，水泥材质反而从配角跃升成为主角，它的原始、纯朴质感成为表现现代风格的空间元素。可塑性极高的混凝土，灌浆烧制后再拆掉模板是常见的施工手法。通过不同的模板，可展现多变的造型与表面质感，为住宅风格带来不可预期的惊喜感，但成形过程中仍有失败风险，需要特别注意。

工业风兴起 带动水泥运用趋势

过去为了呈现富丽堂皇的装修风格，大量使用石英砖材质，但石英砖必须透过高温燃烧，考虑到能源耗损与空气污染，近年来以水泥取代石英砖，直接用作建筑、空间的表面装修材料。

LOFT风格原是因为艺术家寻求廉价的创作空间，而纷纷租用空旷、没有隔间的仓库及厂房，最后蔚为全球风潮。近年来工业风、LOFT风兴起，空间设计选择直接裸露天花板、地面及壁面原始水泥、砖墙等材料，除了商业空间外，部分家居空间也开始走向工业粗犷风格，甚至连梁柱都设计得像未经修饰、未完成的空间一样，上下楼夹层也会直接裸露钢架，展现原始率直风格，也带动了水泥于空间的运用趋势。

水泥拥有多变化、易搭配的特性，可塑造出现代简约的空间感。近年来流行的工业风和LOFT风格，也多利用水泥营造空间特色。图片提供＿本晴设计

返璞归真的原始魅力
走入自然居家空间

水泥解析

特色

清水模建筑的兴起，带动了水泥运用趋势，也将质朴原始的元素带入居室，展现人文韵味风格。
图片提供_本晴设计

原本是建筑材料的水泥，近年来也从结构功能走进居室空间，不须再覆盖装饰面材质，可直接以完成面的方式展现空间风格，看似单调的表面通过各种模板展现多种表面纹理，或是与不同材质结合的新趋势方兴未艾。例如常见的清水模墙面，追求自然纹理与色泽，或是在空间中以水泥板作为隔墙，在不碰天花板或其他墙面的原则下，依靠钢作为主结构，形成水泥板与H形钢的不同材质结合，未加修饰的水泥散发出自然纯朴质感、粗犷味道，在广大的空间里，尤能显现其原始风味，可营造出现代风、工业风或日式禅风。在如今繁忙的现代生活中，水泥传递空间质朴感的特性，加上容易与其他天然材质混搭，成为不少人青睐的装修选择。

为表现水泥自然本色，过去大都采用水泥粉光地板，而水泥经由混和水及砂石成为混凝土，在未凝结前具有泥浆软性，可随模具创造多种一体式的造型，因此，渐渐有屋主不仅大胆地将水泥用于地面、墙壁及天花板等三维空间，并开始尝试用水泥来制作桌子、浴缸等家具，勾勒出个性居室氛围。若想要打造清水模的光滑感，现今绝大多数人会选择施工快速、耐磨的自流平水泥地板，以简单整平的工具就可完成表面平整的地面，无需特别打理，适合大面积空间，过去多运用于公共空间，现在也开始使用在居室之中，但成本相对较高。

优点

材质成本低、抗压强度大、隔声性强，并且具有耐磨性、耐久性，运用于空间中，传递人文质朴感，可塑性大，可使用于天花板、地面、墙面，甚至运用于家具的制作，容易与其他不同材质搭配，展现多变、易搭配的特性。

缺点

水泥本身易热胀冷缩，容易有龟裂、起砂的问题，若是无接缝的水泥粉光地板，易产生裂痕。另外，水泥很怕受潮，不仅需注意保存与施工过程，施工后的养护工作也要切实执行，才能提升水泥强度，延长寿命。

搭配技巧

·空间　水泥可结合钢构、金属铁件、木质、玻璃等多元材质，展现不同材质混搭的空间视觉效果，借由色彩与材质纹理的丰富变化，为空间注入活泼、个性的美感。

·风格　借由裸露的水泥元素，混搭家具等配件，可营造出流行的现代极简风、工业风、LOFT风，也可搭配出日式禅风，可塑性与变化性强大。

·材质表现　可保留水泥本身原始的粗犷纹理与触感，也能通过人工施工表现手感纹理质感。

·颜色　以灰色为基本色调，可延伸出深、浅色系，达到冷暖效果。现今已研发出彩色水泥，是在磨粉过程中加入颜色涂料，施工时可在未干的水泥地面上加上一层彩色混凝土，能应用于室内、室外空间设计。

水泥过去多隐藏在表面材质之后，近年来从配角跃升为主角，直接作为空间的表面装修，成为天花板、地面及壁面的原始材料。图片提供＿莱特创意水泥公司

水泥混搭

水泥 × 金属

比起华丽夸张的设计，现代人更希望家能回归最纯真的质朴感，不过度装修、裸露水泥结构的空间，搭配工业灯具、铁件老家具及复古老件，愈来愈多的人爱上工业风带来的率性气息，加上清水模的兴起，水泥也渐渐“浮出台面”，成为居室空间的重要建材。其自然不造作的纹路与质地，以及混搭性极高的特点，为空间带来舒适的人文气息。在设计手法上，除了作为清水模墙面，打造自然质感空间，生活中也常见以钢构为主要结构，再以光滑模板灌浆而成，例如以钢构技巧打造出悬臂楼梯，呈现视觉轻盈感。

水泥与铁件的结合，是营造独特个性、潮流感的绝佳搭配，例如运用锈感表面处理的铁件包覆水泥墙柱，或是自由混搭在宽阔空间中，都能创造穿透与层次错落的空间表情。具有厚实度的水泥墙，中间嵌入薄型铁件，可让材料具有多种变化可能，而这也是木质无法完成的任务。希望创造更多的居室风格，可通过运用一些颜色鲜明、质感特殊，或者带有怀旧味道的家具家饰做搭配，营造出独一无二的居室氛围。

水泥与铁件的结合，不仅能带出个性居室风格，利用光影的层次变化，也能营造粗犷又不失温度的人文意境。
图片提供_本晴设计

施工方式

水泥 × 钢

以钢为结构主体，再使用水泥灌浆，除了可以将水泥封在墙内，并可让水泥与钢网紧密结合，不仅可作为空间的墙柱设计，也延伸出有趣的钢构设计。例如常见的悬臂楼梯，墙面、梯面便是以钢作为主要结构，再以水泥灌浆于表面，形成悬空的楼梯，呈现轻盈感。此外，设计手法上，也有以裸露H形钢为墙柱，衔接水泥制作的地板与天花板，用另一种混搭方式，让空间完美展现粗犷的工业风。

水泥 × 铁件、铜件、不锈钢

水泥与铁件的结合，可用于表面的处理，例如运用锈感表面处理的铁件包覆水泥墙柱，创造空间层次感。此外，也会在有厚度的水泥墙间嵌入薄型铁件或铜件，可形成材料多种变化性。近几年，水泥也运用于家具上，以金属为主架构，灌浆制成台面，制作吧台或餐桌，或是以水泥为主体，再嵌入铁件或不锈钢作为台面，颇有混搭趣味性。

收边技巧

水泥 × 钢

水泥与钢构是现今建筑常用工法，灌浆是最需注意的程序，在灌注混凝土时，要一次完成，避免二次灌注，产生二次结合的裂缝。此外，钢骨楼梯在灌注水泥后，楼梯表面必须要再做整平的处理，水泥表面要避免阳光照射，否则易因快速自热而产生表面裂缝，而楼梯扶手若也是预埋的钢构，则要确定螺栓或者是钢柱的位置，避免二次施工，转角的收边也要注意粗糙面或尖锐处所造成的危险。

水泥 × 铁件、铜件、不锈钢

有些地方习惯用收边条或是装饰材料收边，不过，在以粉光水泥天花板、铁件所搭配的工业风空间中，多半保留水泥的直角和原始感。要特别注意的是，水泥容易受潮，故通常会凹凸不平，施工时需做表面的整平处理，而铁件金属则要避免潮湿所造成的生锈，以及铁件的粗糙面所带来的危险。此外，当水泥与铁件或金属面做结合时，要注意是否足够承受其重力，施工时，要避免灌注水泥后产生衔接面裂缝，故收边时也要特别注意。

计价建议

水泥：多以面积且含工带料计价，但若以清水模工法施工，则需视其设计等各种因素计价。

金属：依据使用的金属种类及设计分别计价。

水泥 × 金属

空间应用

意外合拍的金属、水泥“地毯”

一般古典空间中常见以石材地面来彰显贵气，或借木地板来增加空间温度，但设计师跳脱传统思考，仅在周边以人字工法贴上木地板，中间则以金属线条设计矩形框边与分割线，接着再灌入水泥铺平，为古典风格注入现代时尚感。另外特意将金属线条做成圆弧边框，恰可作为水泥的伸缩缝，也更见细腻感。图片提供_邑舍设计

用镀钛铁件创造空间亮点

不论是平整灰花的水泥粉光地面，还是特别经过木纹脱模的墙面，在这个以水泥为主要材料的客厅区里，应用的色系都是低调的灰。通过融入黑色铁件加深空间轮廓感，搭配未来感明显的镀钛铁件创造亮点，使朴实无华的水泥也有了更精致的表情。图片提供_尚艺设计

水泥 × 金属

在垂直与水平之间，蕴藏自然气息，凝聚家人情感的质朴韵味空间

房屋状况

地点：台湾台北市

面积：244 m²

混搭建材：清水混凝土、磐多魔地板、钢刷风化梧桐木、钢构、铁件、清玻璃

其他材料：桧木、大理石

文 / 于静芳

空间设计暨图片提供 / 九号设计

忙碌了一天，回到家总希望有个简约静好的空间，与家人们一同在餐桌上分享着每日点滴趣事，卸下肩上的工作压力。本案例的房屋位于台北市万华区，从事建筑业的屋主，希望居室空间能回归原始的质朴感，并且符合三代同堂的功能规划，在与设计师沟通后，尝试混搭水泥、铁件、木质等自然材质，融入人文质感、沉稳舒适的空间气息。

运用原始的跃层格局，一楼规划为客厅、餐厅、老人房与儿童房，二楼则为屋主的私人领域空间。住宅采用开放式设计，一楼公共区域的大面积地板选用深灰色磐多魔材质，搭配串联一、二楼空间的浅灰清水模壁面，以及浅木色调的钢刷梧桐木立面，保留材质原始的纹理与触感。而在楼层间则以黑色铁件、钢构材呈现工业精致质感，辅以清玻璃的透亮轻巧，借由水平、垂直高度的变化，与家人互动的穿透性设计，不仅凝聚三代人的感情，也营造出屋主喜爱的沉稳居家氛围。

餐厅是一家六口的生活重心，同样以清水模壁面与客厅做出区隔，并在壁面上方保留空间，除增加细部变化外，也放大空间感，让动线与视觉流畅，也借由挑高落地窗的大片自然光互相串联而更显宽敞。用餐空间以温润的梧桐木为材料，镶嵌于墙面上的造型餐桌，延续木质与玻璃的合作，打造出沐浴于大自然的用餐环境。结合清水混凝土、铁件金属、木材的质朴特性，层层堆叠空间的丰富层次感，勾勒出与自然为伴的生活画面，慢慢构筑成一个美好的住宅空间。

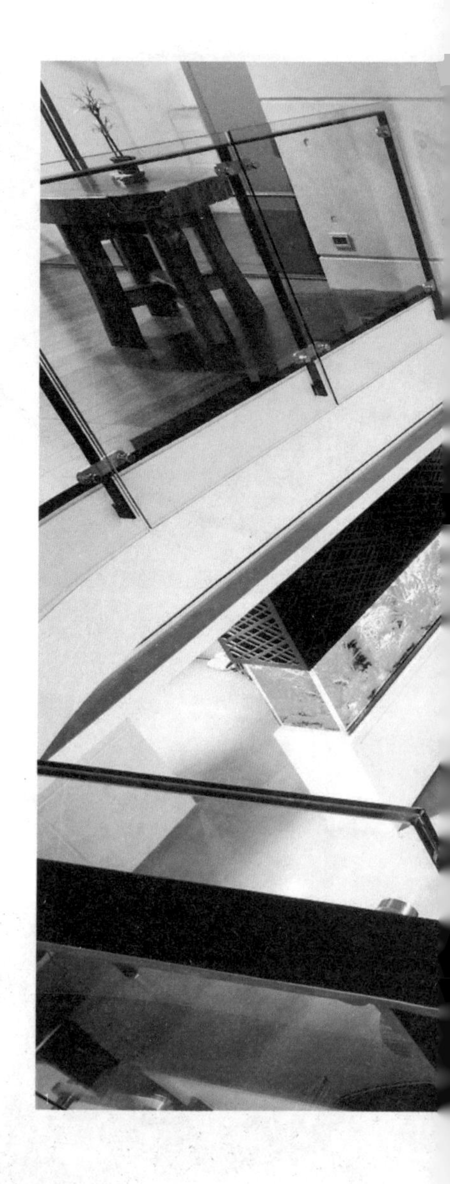

① **清水模墙面混搭质朴铁件、梧桐木材** 串联一、二楼空间的浅灰清水模壁面，侧边搭配浅木色调的钢刷梧桐木立面，呈现不造作的质朴手感，并以激光切割与钢构技巧，打造出线条简约的楼梯扶手、悬臂梯面。楼梯内部其实是以钢板作为主要结构，再以光滑的模板灌浆而成，辅以清玻璃材质，呈现出轻盈感，对比出粗犷与细致的趣味性。

② **磐多魔地板与不同材质家具的巧妙结合** 一楼大面积地板选用深灰色磐多魔材质，无接缝特色不仅容易清理更能保留材质原始的纹理与手刷质感。由于屋主喜欢质朴人文风格，设计师在客厅特别定制木质手把、皮革结合的座椅与地毯织品，还有看得到年轮纹路的实木桌，营造出屋主喜爱的品茶空间。

3

③ **温润梧桐木打造沐浴于大自然的用餐环境** 凿空的清水模墙面引入窗外光线，界定出餐厨区域，并放大空间感，让动线与视觉流畅。餐厅空间以温润的梧桐木门片为材料，设计大量收纳空间，镶嵌于墙面上的定制造型餐桌，延续木质与玻璃的搭配，营造自然质感。

④ **工业风质感铁件衬托出清玻璃的透亮感** 挑高的楼层间以黑色铁件呈现工业精致质感，辅以清玻璃的透亮轻巧，借由水平、垂直高度的变化，与家人互动的穿透性设计，不仅凝聚三代人的感情，也营造出屋主喜爱的沉稳居室氛围。落地窗引进大量自然光，午后阳光洒入屋内，让铁件、玻璃更加晶透细致。

⑤ **运用钢构结合玻璃、大理石传达古典韵味** 由于屋主喜欢养鱼，在一楼入门的玄关处，运用激光切割与钢构技巧，打造出结合钢构、白色大理石、玻璃的生态水族箱，流动的水景与盎然的绿意宛如优雅的艺术品，设计师并在一旁摆设高脚植栽，衬上玄关两旁的温润梧桐木、清水模墙面，禅风韵味沉淀心灵。

⑥ **木质、清玻璃的兼容并蓄打造私人区域空间** 沿着楼梯而上为屋主的私人区域空间，以钢刷梧桐木立面为主轴，设计师将屋主收藏的艺术品规划于动线端景处，从二楼的每个角落都能欣赏到。清玻璃与铁件围塑的大片立窗，将一望无际的高楼美景纳入自家中。

⑦ **大理石与木材的相衬让卫浴从副空间升级为正空间** 延续木色与灰色的主体色系，卫浴以镜面放大视野，并以简单的自然材质铺陈空间主体，运用黑色大理石、木材质打造舒适感空间，运用蒸气箱设计，环绕着自然的呼吸循环，让屋主卸下累积许久的工作压力。

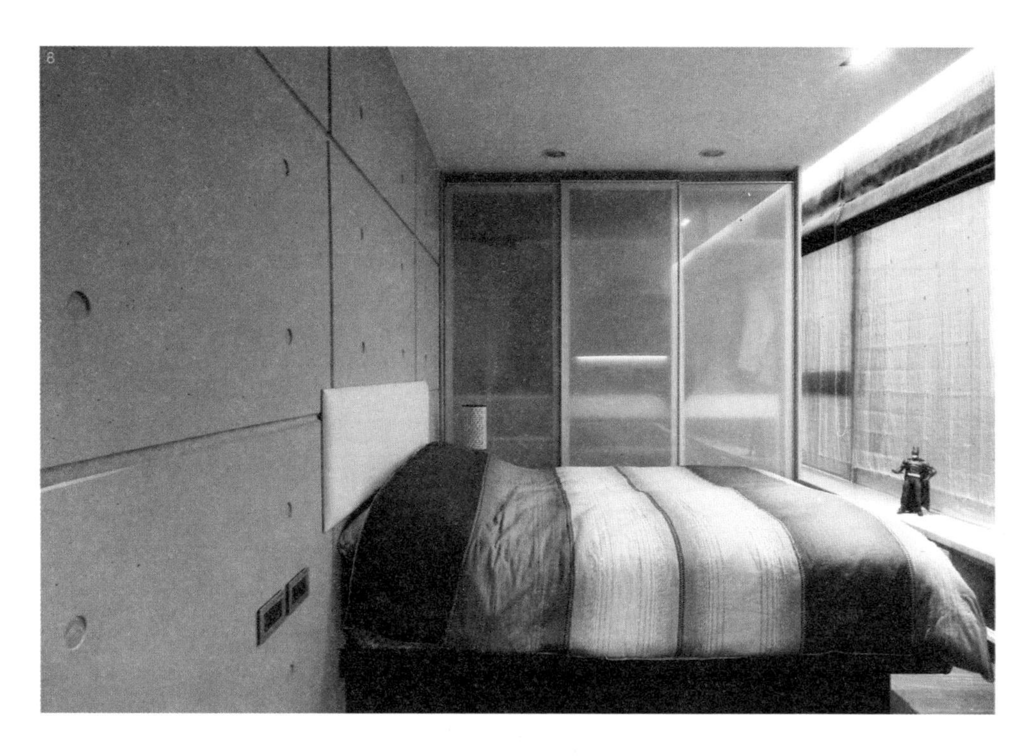

⑧ **清水模墙面丰富男孩房的变化** 在一楼的男孩房，同样使用简约的清水模材料进行点缀，在空间的布置上虽然没有花俏的设计手法，但随着明亮的大片采光，让光影的变化丰富了空间的表情，同时搭配白色塑料衣柜，展现率性男孩房的沉稳空间氛围。

⑨ **卧室保留原始木质的面貌** 位于一楼的老人房，卧房床头墙面采用高级桧木，不同于一般装修，表层不上油漆，仅漆上一层植物性护木油，保留原始木质的样貌与质感，并搭配白色系寝具，让卧室充满简约纯净感，利于长辈睡眠。

水泥混搭

水泥 × 板材

水泥是目前建筑的主要材料之一，板材则除了作为隔间、天花板材外，主要功能是作为装饰材用途。原本属于基础建材与空间配角的这两种建材，近几年在追求不多做修饰的设计潮流影响下，渐渐摆脱过去印象，被大量混用于居家空间。

相对于水泥的简单、质朴，板材因构成的材质不同而有较多选择。与水泥做搭配的通常有钻泥板、定向结构刨花板、夹板等，其中碎木料压制而成的定向结构刨花板及含有木丝纤维的钻泥板，二者表面粗犷的肌理正好与水泥的不加修饰特色一致，彼此互相搭配既能强调空间的鲜明个性，同时又能柔化水泥的冰冷，为居室增添温暖。

至于利用胶合方式将木片堆栈压制而成的夹板，经常不再多加修饰以展现木材天然纹理，与水泥一样追求返璞归真的原始感，而且二者皆可作为结构体同时也可以是完成面，互相搭配不只能展现材料本身的质朴感，更是简约风格的新诠释。

钻泥板的木屑压缩质地与水泥粉光地板调和出质朴氛围。
图片提供_非关设计

施工方式

板材的施工方式大多是以白胶、万用胶等黏合，再以粗钉或暗钉强化固定，但若是作为隔间墙，地面为水泥粉光时，建议依面积大小调整施工顺序。考虑到水泥粉光施工的便利性，面积小的空间应先进行地面施工，之后再进行板材隔间施工，面积较大的空间则没有先后顺序的限制。

收边技巧

板材收边较常出现在制作成柜体时，一般会采用收边条做收边处理，大多选用贴木皮收边条，但如果喜爱天然质感，则可选择实木收边条。当以板材做成隔间墙而地面为水泥时，则在二者交接处以硅胶做收边处理即可。

计价建议

水泥：多以面积且含工带料作为计价建议，但若以清水模工法施工，则需视其设计等各种因素计价。

板材：板材种类繁多，多以片计价，但也需依据使用板材的种类而分别计价。

水泥 × 板材

空间应用

定向结构刨花板强化随性感觉

以LOFT随性概念为客厅设计主轴，将水泥粉光地面当作舞台，再以定向钻泥板交错叠合的质感做背景，配衬管线外露灯具加深粗犷感。充足的采光不仅带来明亮光线，令色彩缤纷的家具得以尽情地完美呈现，亦可增加光影变化让空间更富魅力。图片提供_泛得设计

以材料原始样貌强调空间个性

过多的加工常让材料失去原始样貌与味道，因此选用多作为底材的锯纹板作为墙面主视觉，借由木材的自然纹路让墙面变化丰富，而以清水模涂料处理过的墙面，呈现质朴的水泥质感，恰好呼应空间的不造作、自然特色。图片提供_六相设计

用钻泥板与水泥粉光赋予简约风格

入口旁矗立的钻泥板身兼三职，一是作为玄关与内部空间的界线分隔，二是作为降低回音的吸音材料，最后则是为了配合返璞归真的设计概念，通过不经修饰的材料原貌接续空间自然简约的风格。图片提供_非关设计

水泥 × 板材

展现材料原始质感，打造无拘、随性的温馨居室

房屋状况

地点：台湾台北市

面积：129 m²

混搭建材：优的钢石、吸音木纤板

其他材料：马赛克、爱乐可合板、美耐板、南洋榉木、生铁、货柜五金

文 / 玉玉瑶

空间设计暨图片提供 / 非关设计

这栋位于台北市约38年房龄的老公寓，拥有难得的三面采光优势，但过去传统的三房两厅格局规划，却让这极佳的条件无法完全发挥。卧房、浴室与厨房虽然拥有房子最充足的光线，但室内其余空间却被房间隔墙阻断了与户外的联结，可惜了外面的一片绿色景致。因此，为了解决采光无法均衡分布于每个空间的问题，并引入户外景色，设计师不只将所有隔墙打掉，更摆脱制式想象，改以斜墙重新界定出两间卧房、浴室与更衣室，并借由斜墙化解视线受到直角隔间阻隔的困扰，让人身处任何角落，几乎都可以看穿房子。空间随视线导引得以延伸，变得更为开阔，处处皆能感受到阳光与绿意。

屋主喜爱自然、不多做修饰的空间感，因此整体格局重新调整后，依据拆除后的状态，再适时决定是否添加新建材。比如一半原始水泥模板、一半打底粉光粉刷的梁柱，其实是拆除隔间墙时保留下来的，因为断面完整，索性就把它当成空间里的一个特色。还有玄关入口处的阳台，在拆除原始马赛克外墙后，与其重新砌一面墙，不如留下斑驳砖墙来得更有味道。

考虑到老屋隔声问题，同时又希望保留屋高，因此直接在平钉了一层夹板的天花板上贴上吸声木纤板，吸声木纤板表面的粗犷肌理接续材料不做修饰的概念，同时也有绝佳的隔声效果。新做的木作柜体采用可自由移动的形式，相较于钉死的柜体，使用起来反而更为灵活，材料则使用低甲醛合板，松木天然的纹路迷人也很环保。不论建材新旧，设计师皆以自然、原始的材料做选择、搭配，除了追求实际面的环保、天然外，也巧妙让新旧融为一体，为这个老空间创造出一个温暖居室的新风景。

1

① **不只是隔间，同时兼具导引、延伸功能** 斜墙不只让视线得以延伸，扩大空间开阔感受，同时也让光线毫无阻碍地进入室内，改善原本格局采光不佳的问题。

② **轻浅的黄色软化空间冷硬感** 大多数讲求自然、环保的材料，颜色多是偏向原色系，因此选择在用餐区的墙面刷上黄色，在活泼空间色调的同时，也为居室带来清新气息。

③ **展现基础材料的朴实之美** 空间里大量使用不多做修饰的原生材料，厨房柜体采用原本使用于柜体内层的爱乐可合板，吧台则是以铁件打造，舍弃表面多余的装饰，让材料的原始纹理来丰富空间层次感受。

④ **强调原始自然的手感砖墙** 拆除原本的墙面，斑驳的砖墙其实更具历史感，因此决定保留下来。地面采用木纹砖，除了便于清洁外，木与砖的搭配也更能呈现自然质朴况味。

⑤ **利用材质特性改善空间劣势** 沙发背景墙上半部利用板材打造成双面吊柜，下半部则采用强化玻璃，将玄关阳台面的光线引进室内，让光线得以均匀地洒落在空间里。

6

⑥ **质朴水泥传递宁静空间感** 灰色的水泥墙面为主卧空间带来沉静氛围，不需太多的赘饰和设计，被自然材料围绕的空间，自然而然让人感到放松、舒适。

⑦ **充满童趣与想象力的儿童房** 儿童房同样保留空间原始样貌，只在一面墙上刷上蓝色油漆添加活泼感。衣柜则做成斜屋顶的样子，尺寸依照小朋友衣服尺寸而设计，另外附有轮子可将两座衣橱面对面关起来，成为一栋衣柜小屋。

⑧ **在绿色景致里享受片刻悠闲** 面对很多树的阳台设置为主卧的卫浴空间，上厕所、沐浴时面对一片树海，不只让人心情得以放松，在繁忙的都市里也别有一番情趣。

第 5 章

环氧树脂

勾勒浮光掠影的地板材

环氧树脂 × 金属

无接缝特性带来
视觉完整美感。

Epo

xy

图片提供_泛得设计

无接缝特性，创造独特空间风格

环氧树脂运用

趋 势

近年来流行的粗犷工业风，以工厂厂房普遍使用的环氧树脂地板为空间基调，摆放工业风家具，营造出冷调氛围。
图片提供_泛得设计

随着自然建材如实木地板取材愈趋昂贵，加上室内设计愈来愈喜欢实验性地运用新建材，创造独特空间风格，具有无缝特性的环氧树脂，能塑造光亮平整的地板表面，近几年来开始被广泛使用在居室空间内。

如果讲起环氧树脂，脑中一点概念都没有，可以试着回想许多大卖场的地板是否都平整无缝呢？那是因为大卖场面积广大，为了便于清理打扫，大多会选择水泥粉光面或环氧树脂这类能大面积覆盖制造平整表面的建材。尤其因为环氧树脂具有弹性、防蚀、耐磨、无缝、易清洁等优点，更是普遍运用在停车场、大卖场、工厂厂房等地方。环氧树脂其实早已被用于空间中，只是过去以其实用性质为主要考虑点，大多使用于需抗磨、注重公共卫生的大面积地面。过去很多人习惯居室空间隔间多，地面相对封闭，一开始并未联想到能运用在室内地板上。

随着居室质量的提升，开放空间享有宽敞视觉，公共空间地面逐渐拉大，环氧树脂相较于普遍使用的瓷砖，具有无缝、不卡污的优势，并且其独有特性创造出来的明亮感和视觉完整性，让空间无须打蜡就拥有光洁质感，放大视觉。如果小空间运用得当，即使地面尺寸小，也可借由此特性增加空间延伸感，加上这种材质对于室内设计领域来说是新型建材，具有实验性与新鲜感，所以逐渐成为装修时纳入考虑的常用建材之一。

从工厂厂房进驻居室空间

近年来流行粗犷的工业风，以工厂厂房普遍使用的环氧树脂地板为空间基调，摆放工业风家具，就能营造冷调静谧的氛围。有些人以为铺设环氧树脂只能单色运用，其实那是早期印象，现在可挑选的颜色多样，除了基本色系黑、白、透明之外，具有巧思的设计师们甚至会加入不同材质，如金刚砂等建材，创造不同的视觉效果。于是有些人会在居室保留大片空白，以环氧树脂地面为空间主视觉，地面材质略带透明胶质感，反射光线带来轻巧视觉效果，只需摆放少量线条简单的家具，利用反差创造独具品味的极简现代气息。

对有些人来说，环氧树脂最美丽的时候是在使用过一段时间后，光亮表面逐渐褪去，呈现平滑温润感，带了些岁月痕迹才真正好看。虽然环氧树脂耐磨，但缺点是易生刮痕，表层若有湿气容易使人滑倒，倒是保养容易，只需用静电拖把抹去灰尘即可。

环氧树脂地面材质略带透明胶质感，摆放少量线条简单的家具，借由反差创造独具品味的极简现代感。
图片提供＿泛得设计

塑料特色
让环氧树脂独具风华

环氧树脂解析

特 色

环氧树脂运用在居室空间中，地面全然无接缝的特点让空间呈现一种天然的完整性，正是瓷砖无法带来的视觉美感。
图片提供_云邑设计

环氧树脂，是一种双液材质混合的建材，最初使用在工厂厂房及大型卖场。其为塑料材质，带有弹性，且整面铺设不带缝，不易龟裂。一般见到的光滑平整的表面，主要是采用分3次施工铺设的工法。需混合母剂（A剂）和硬化剂（B剂），按照比例混合后搅拌A剂和B剂，使其产生热反应后就要立刻倾倒在地面等待硬化。不过铺设前，必须先确保地面的平整度，因此通常会先打掉地板基层，整平地面后才加以施工，以确保地面水平一致。铺设过后需静置2～3天等待硬化，即使看似硬化完整，一周内最好还是不要在表层放置重物较为保险。

环氧树脂的最大特性就是无缝不卡污，虽然变化不似瓷砖多样化，色彩选择上也有限，但对于喜欢单纯明亮色系的族群来说，环氧树脂选择性相较于其他材质已经丰富很多，且瓷砖虽然变化多，却无可避免在视觉上必须留下接缝痕迹。只要施工优良，环氧树脂运用在居室空间上，地面全然无接缝的特点让空间呈现完整性，恰好拥有瓷砖无法带来的视觉美感，也是此材质的特色，因此普遍运用在具有现代感或工业风的室内空间。

优点

环氧树脂创造了地面全新无缝效果，具有便于清洁、整理的特性，适合家中养有宠物的屋主选用。因为是塑料材质，具有耐磨、附着力强、使用年限长的优势。对于喜欢用便利方式打扫家里的人来说，不用再为了木地板或瓷砖接缝容易卡灰尘，导致清洁不易而困扰了。施工上也比较省时间，只需铺设塑料液体，等待硬化即可，不会造成工地现场过多粉尘，维持空间清净感。

缺点

若长时间接触水面，硬化剂会因此氧化变白，因此环氧树脂材质不适用于容易接触到水的区域，例如浴室、厨房。另外，因为是塑料材质，施工期间工地现场会有浓郁刺鼻的化学气味，久闻身体容易不适，且表层容易损伤，装修完工后，进住后需小心搬动家具，避免刮伤地面。此外要远离火源和热气，冬天时若使用暖炉取暖，建议在底部摆放隔热垫，隔离热源，以免表面产生剥离现象。

搭配技巧

·空间　主要运用在地面，也可使用在壁面，添加金属粉末喷洒在表面，可呈现光滑金属效果，略带时尚感。如果想制造特殊的视觉效果，也可在铺设地板时，在塑料内添加色粉，就能拥有喜爱的地面色彩。

·风格　因为是塑料材质，硬化后表面呈现光亮质感，运用在室内设计上，适合现代风、极简风或工业风等较为时髦的风格呈现，也适合略带颓废感的LOFT风，但在家具摆饰上，建议不妨大胆选择，营造视觉上的反差，衬托环氧树脂的独特性。

·材质表现　明亮通透是环氧树脂材质的基本特性，如果想要让空间更为独特，也可利用材质混搭的手法。例如洗石子壁面搭配环氧树脂地板，利用洗石子的粗糙特点突显环氧树脂的光亮特性，混搭让空间别具魅力。

·颜色　环氧树脂基本色系是黑、白、透明。运用在空间内，依照主人喜好，搭配的家具色系同时决定了风格呈现。喜欢活泼气氛，可以挑选明亮色系的装饰物，而大地色系的家具，迎合环氧树脂的低调光滑特性，呈现沉稳宁静的气息。

环氧树脂基本色系是黑、白、透明，运用于居室空间时，可借由家具、家饰的搭配，为空间风格定下基调。图片提供＿邑舍设计

环氧树脂混搭

环氧树脂 × 金属

室内设计逐渐被大众重视后，人们对空间内可使用材料的需求日趋多样化。瓷砖、木地板都是地面常用建材，但对追求新颖时髦的人来说，更期望能在居家内创造崭新、独特的风格，因此原本是厂房或大卖场普遍使用的环氧树脂，因为能塑造光亮无缝的地面效果，开始被运用在居室空间内。有些人会认为环氧树脂地面展露的视觉效果太过商业感，但空间设计本来就应该带有更多可能性，不应被局限，而会使用环氧树脂的族群通常也个性鲜明。

因为环氧树脂地面表面明亮，而金属建材的刚硬质感和环氧树脂地面属性很搭，适合勾勒现代、前卫的空间氛围。通常建议运用在现代气息的室内设计中，摆放家具应该尽量精简，形式简约，放大空间视觉，同时展现空间的和谐与宁静，才能发挥环氧树脂独有的特性，假设空间凌乱狭小，就会丧失美感。

搭配金属建材时，建议局部使用即可，若是满室都是金属建材反而显得厚重。可以选用金属门框、金属灯具，其他家具如沙发、餐桌、厨具，还是可以选用木材、皮革或玻璃等天然材质，借由天然物料的温润特性滋润环氧树脂身为塑料材质的冰冷特性。

塑料的光亮特性，具有独特魅力，深受独爱现代质感的人喜爱，无缝特点更创造出空间整体感。
图片提供_无有设计

施工方式

环氧树脂 × 金属粉末

环氧树脂因为只能运用在地面上，需要慎选空间配件，混搭出独特品味。一般常用的金属建材并不是只能运用在家具家饰上，金属粉末也是一种少见但能创造独特视觉效果的选择，通常被广泛使用在商业广告牌、招牌上。使用喷漆技术掺入金属粉末的特殊技法，运用在空间壁面中是一件有趣的事。另外其可塑性高，能利用计算机构图控制喷染效果，也能依据喜欢的图样勾勒出精美的图腾作为壁饰。

环氧树脂 × 金属家饰

环氧树脂是近年来开始被运用在室内空间的新颖建材，虽然只能用在地面上，但因为自身特性出众，完工后的明亮质感，搭配金属家饰，迎合目前普遍喜好现代风的空间潮流。金属家饰可选择性高，金属椅脚的沙发座椅、金属喷漆的灯具等都很适合和环氧树脂地面做搭配。但因为环氧树脂不耐磨，搬动家具时要格外留意。

收边技巧

环氧树脂 × 木材

使用环氧树脂建材的地面收边方式和一般方式有所不同，比如瓷砖或者木地板，可用木工、金属边条等收边方式，但因为环氧树脂在施工过程中是液态地蔓延在铺设区域，因此只能直接连接到地面。为了让空间完整，可用踢脚板或是空间内原有的木材规划做一个整合的动作，完成收边。

环氧树脂 × 玻璃

想创造时尚感风味重一些的空间特性，可以尝试在接近地面处使用镜面玻璃作为环氧树脂的收边技巧。因为环氧树脂本身表面就带镜面效果，在靠地面处铺设镜面玻璃，和环氧树脂地面互相呼应，也是一种新奇但和谐的设计技巧。

计价建议

每平方米连工带料价格不等，需依据材料等级和现场状况而定。

环氧树脂×金属

空间应用

低调的环氧树脂地面

雾面的金属灯具，白色金属门框，加上低调沉静的环氧树脂地面，勾勒空间安详静谧的氛围。图片提供_无有设计

金属支撑架跳出趣味

既然金属和环氧树脂很搭，而又想有趣一些，因此设计师在卧房内利用金属设计了一条绿色支架，是装饰也可当作衣架。图片提供_无有设计

空间完整性，如同隐形收边

因为无明显收边，因此空间在规划设计时，整体视觉线条应该尽量简约利落，维持空间的完整性。图片提供_无有设计

注重接触面的细节质量

无缝地板环氧树脂的收边方式比较特殊，通常利用空间内的家具和柜体创造如同一体式的天然收边，注重接触面的收边细节。图片提供_无有设计

第6章

金属

永久耐用，并独具迷人魅力

金属 × 玻璃

以刚毅坚实的特点，
展现粗犷、精致的空间个性。

Met

al

图片提供_云邑设计

展现不受拘限，刚柔并济的可塑性

金属运用

趋势

镀钛金属钢板镀膜能随着光线与视线，展现丰润的光泽与色彩。在空间里只要少量运用，就能提升整体质感。
图片提供_近境制作

金属在居室空间中最常在五金配件或窗框中看到，由于金属大多给人冰冷的印象，且应用层面有限，似乎和讲求温暖的居室格调格格不入。但随着大众对居家美感的提升，愈来愈多人意识到居室空间应该建立在健康舒服的本质上，而不是过度华丽的装饰。展现材质本身样貌，并且不刻意过度修饰的做法，使得一些可以同时作为结构及完成面的材质如水泥、金属、板材等，被重新思考在基础建材中的使用价值。

就金属来说，室内装修经常使用到的主要有铁材、不锈钢，以及铜、铝等非铁金属。铁材是铁与碳的合金，另含硅、锰、磷等元素，依外观颜色可分为黑铁与白铁。表面呈现白金属色泽者，如不锈钢，由于较能防锈、可长时间维持原有的金属色，故俗称白铁，至于铸铁、熟铁等则统称为黑铁，颜色上虽有所差异，但同样能为居室空间注入个性与现代感。

不多做修饰，保留材料原始个性

金属材质运用在居室空间难免在视感上略显冰冷，但金属韧性强，可凹折、切割、凿孔，可焊接成各式造型，也让空间因此更具设计感与变化。因此，除了早期较常使用的铁材与不锈钢外，质轻、延展性佳、硬度高的钛金属，近几年也成为颇受欢迎的金属材料之一，而且借由不同的加工处理方式，可让镀膜呈现黑、茶褐、香槟金、金黄等颜色，更增加其使用的普遍性。而近年复古风、LOFT风、工业风盛行，使得原本并非应用于装修的金属扩张网、孔冲板等，或者原为结构体的H形钢，也成了金属材料的选项之一，不只在商业空间广受青睐，甚至成了居室空间设计的新宠。

本质钢硬的金属，施工有一定难度，因此过去受限于施工，经常无法尽情展现其特色。然而工法与时并进，可塑性原本就高的金属，因此能借由现代工法展现更多不同的造型，甚至在顶尖工艺的配合下，更能以薄片、纤细化的线条呈现轻盈质感，摆脱金属原本给人的厚重印象。而原本亮度高的表面，则在愈来愈多的人追求舒适、不做过多装饰的前提下，改以低调的雾面呈现，进一步在金属表面做锈蚀处理展现斑驳纹理之美。而过去总和精致无法画上等号的金属材质，现在则可运用镀钛钢板营造居家空间的时尚感，虽然价格不菲，但其高级质感无可取代，也让金属材质有了粗犷以外的新面貌。

以金属材做框边设计，增加视觉上的变化，同时让以暖调木材为主的空间，展现独特个性。图片提供＿森境建筑＋王俊宏室内装修设计工程有限公司

质感坚硬，却蕴藏无限可能

金属解析

特 色

铁件可塑性高，甚至可以薄片造型镶嵌于墙面，风格独特又具轻盈感。
图片提供_尚艺设计

金属材料虽然质感坚硬，但延展性与可塑性高，可以用切割、凹折等不同手法，让造型千变万化。一般来说，铁件的承重力比起相同体积的实木大，因而是金属材料里经常被使用的，也比系统板材的强度高很多，相同承载量造型却可比木料更为轻薄，所以常用来打造柜架。钛金属是利用金属在高温的真空状态下交换离子的物理特性，将钛离子附着于金属表面形成一层硬度极高的保护膜，抗氧耐磨不褪色，因此不只适用于居室，也适合作为户外建材。价格上钛金属远比铁件昂贵，因此铁件使用得更普遍，但若希望呈现具有个性又带有奢华感的空间，不妨选择钛金属做表材。而价格相对较低的铁件，虽然质感较为原始、粗犷，但其实借由电镀、喷漆或烤漆等加工处理，也能展现与原始质感迥异的样貌，并更符合空间风格需求。

优点

金属本质坚固，因此大多相当具有耐用特性，而其中硬度较高的钛金属，不只质轻、延展性佳，且耐酸碱、表面不易沾附异物，室内室外皆适合使用。至于俗称为白铁的不锈钢，不容易生锈，还可长时间维持原有的金属色泽，保养上相当简单容易。

缺点

钛金属硬度虽高，但表面镀膜一旦受损就无法修补，加上造价昂贵，因此在保养上难免需要小心避免碰撞、刮磨。铁件的使用普遍，但表面若不经过电镀、阳极等处理则容易生锈，因此需定期刷漆做保养。

搭配技巧

·空间 在空间里大量运用金属，会让空间显得较为冰冷，因此使用数量，最好视空间大小、比例适度使用，以免让居室失去应有的温度。尤其居室空间面积不大的情况下，建议尽量选择轻薄、纤细线条造型，让空间展现轻盈感，化解使用过多金属带来的压迫感。

·风格 因质感特殊，所以金属往往呈现的多是利落、简洁的设计，而这样的设计相当适合极简的现代风，或者讲求屋主独特个性的工业风、LOFT风，但若是在铁件上做繁复的雕花造型，则适合运用于古典风格。

·材质表现 借由表面的加工处理，便可赋予金属不同的样貌，铁件可利用电镀、烤漆等，改变表面不同的质感与触感，钛金属则是通过加工让镀膜呈现黑、茶褐、香槟金等不同颜色。不论是质感或颜色的改变，都能让金属材在视觉上有不一样的面貌，进而改变整体空间感。

·颜色 颜色的搭配与选择，应视与其搭配的建材或者整体风格来决定，再以烤漆、喷漆等方式加工制作出需要的颜色。不过多数人就是喜爱金属原始的样貌，因此在颜色上大多不会做太大改变，大多只在表面涂上作为保养用途的油漆或透明漆。

大型置物架，选用铁件打造框架，以纤细线条为造型，呈现轻薄与悬浮感。
图片提供＿近境制作

金属混搭

金属 × 玻璃

铁件金属经常被运用于功能性或结构性设计中，甚至在装饰艺术上也广受重用。但凡不锈钢、黑铁板、冲孔铁板、镀钛板都是室内空间常见的金属材质，其中铁件金属具有精品般的质感，它和玻璃混搭最大的优点是，玻璃有厚度的问题，而不锈钢或铁件可以折，这时就能利用金属作为玻璃的收边处理，既不使玻璃厚度裸露出来，两者结合又能呈现工业、现代、科技或时尚感各种氛围。

另一方面，金属的厚度可以做到很薄，仅仅几厘米的厚度，但同时却又能拥有相当坚固的结构性，打造为楼梯或是柜体，能够为空间带来细腻的线条变化。也可运用结构施工的改变，让铁件宛如镶嵌至玻璃内，加上内藏灯光的设计，创造出独特的灯箱效果。不过要注意的是，玻璃一般没有使用范围的局限，然而以金属材质来说，亮面不锈钢、镀钛不建议运用在浴室内，前者会造成锈蚀，镀钛则是易有水垢的问题产生，另外黑铁烤漆亦不适用于浴室，同样也会有生锈的状况。此外，若是黑铁以盐酸制造出粗犷锈蚀感，最后必须再涂上一层透明漆，避免随着时间持续锈蚀氧化。

不锈钢的可塑性高，可作为家具的结构，搭配较好清洁的玻璃桌面，兼具创意与实用性。
图片提供＿界阳＆大司室内设计

施工方式

不锈钢与玻璃混搭，以正常逻辑来说，由于不锈钢材质怕刮伤，必须先做玻璃再做不锈钢，但如果是玻璃跨在不锈钢上的设计，则必须先施工不锈钢。而铁件与玻璃混搭，如果是采用喷漆方式处理的黑铁，要在油漆工程之前进场，工厂进行的烤漆处理，则可以在清洁工程之前再上。

收边技巧

不锈钢与玻璃结合，凡是90° 交界面处，都是以硅胶做收边。不过铁件与玻璃结合同样也是运用硅胶收边。然而若是轻隔间设计，以铁件为结构的话，铁件可打凹槽让玻璃有如嵌入。记得凹槽沟缝的尺寸要大于玻璃厚度，空隙处再施以硅胶，整个结构就会很稳固。玻璃厚度可借由不锈钢板或是金属条作为修饰，若是单价高又较易刮伤的金属材，一般都会尽量到工程后期再进行。

计价建议

不锈钢板又分成毛丝面、亮面、镜面、镀钛，若是作为简单且平整的贴饰使用，可用一材计价；若是大面积使用，镜面、镀钛则是双倍计价，但假如是不规则且又有弧度的设计，通常另做计价。

此外，不锈钢板还会有激光切割、微刻刀法等加工费用的产生，其中微刻刀法是根据需要施工的长度计价。而一般用于住宅空间的黑铁，则是依据厚度和后续如喷漆或是锈蚀感的质感加工的差异计算。

金属×玻璃

空间应用

打板裁切，定制不规则隔间

此道电视墙结合书房隔间，以毛丝面不锈钢混搭玻璃，呈现科技感的味道。施工时先进不锈钢，再把玻璃结构安在不锈钢上，主要以不锈钢来修饰玻璃的厚度。而要形塑不规则金属，则是必须借由打板计算尺寸、弧度，才能有完美的效果。图片提供_界阳＆大司室内设计

铁件玻璃隔间利落轻透

主卧运用铁件、玻璃规划轻隔间设计，将黑铁喷制成白色光滑面，并利用黑铁做比例分割，搭配灰玻璃、清玻璃，带出视觉层次。施工时先将黑铁做喷漆焊接，最后再上玻璃，除了玻璃要镶嵌进天花板之外，黑铁亦有预留凹槽嵌入玻璃，加上每个转角的硅胶收边，让整体结构更为稳固。图片提供_界阳＆大司室内设计

多材质混搭，施工顺序要注意

作为客厅与书房的隔间，同时亦是玄关入口的端景，扮演了展示与灯箱的功能，更包含了铁件、玻璃、人造石、木地板材质，看似局部悬浮而出的铁件平台，其实内部具有长达400 cm的结构做焊接。接着油漆进场将铁件烤漆，装设灯管并封上玻璃。最后再以人造石修饰木质平台，展现一体成型无接缝的效果。图片提供_界阳＆大司室内设计

轻薄铁件，穿透延伸空间感

主卧更衣室的精品展示柜，以仅仅5 mm的铁件作为主结构，先将铁件以油漆喷漆处理，再以硅胶固定灰玻璃，不规则且刻意错落的双向展示设计让柜体具有变化性，开放的穿透感与铁件的细腻质感也带来视觉上的延伸。图片提供_界阳&大司室内设计

毛丝面混搭亮面不锈钢，提升精致度

电视主墙立面选用毛丝面不锈钢材质，转折延伸成为天花板设计之一。在幅宽150 cm的局限下，设计师转而以分割密接呈现出如拼贴般的效果，主墙侧面更特别选用亮面不锈钢作为收边，质感较为精致，除侧面的玻璃贴膜灯箱之外，正面也结合激光切割凹槽嵌入亚克力灯盒，下方则是黑玻璃影音柜，方便直接遥控观影。图片提供_界阳&大司室内设计

口字形光沟，打造时光隧道

私人区域的廊道规划作为瑜珈、音乐、健身等多功能休闲区域，立面以仿石材板为主体，石材的拼贴厚度巧妙利用不锈钢修饰，再搭配玻璃与灯光的光沟线条由立面转折延伸成口字形，加上末端的镜面，创造出深邃的景深感，也有进入时光隧道般的趣味效果。图片提供_界阳＆大司室内设计

多样材质混搭，更具艺术美感

身兼展示隔间的柜体采用铁件喷漆处理，大理石桌面则需先以木料打底做出雏形，木质与铁件进行结构上的接合，让石材桌面有如悬浮般的效果。桌脚利用不锈钢与玻璃作为支撑，除此之外，更拥有LED灯光。由于大理石材怕刮伤，以此设计来说，石材会放在工程后期再施工。图片提供_界阳&大司室内设计

多样金属镜面，巧妙隐藏私人领域入口

此案为豪宅等级，电视主墙选用造价最高的金属——镀钛，拥有特殊的光泽感，且每一个分割线条也都是暗门，隐藏丰富的收纳机能。左侧的各式金属条、玻璃、镜面构成的墙面，一方面化解单一材料的单调无趣感，另一方面则是隐藏私人领域入口。玻璃、镜面的厚度就以各式金属条作为收边，呈现1 cm左右的立体感。图片提供_界阳&大司室内设计

45° 玻璃倒角，桌面衔接更完美

定制毛丝面不锈钢作为餐桌骨架，为提升良好的结构支撑性，不锈钢除了与文化石墙面固定之外，斜面桌脚更固定于地面原始的钢筋混凝土结构中，而玻璃桌面的转角处则是45° 倒角合口设计并打入硅胶，如此一来便可隐藏硅胶的痕迹。图片提供_界阳&大司室内设计

虚实交错的隔间设计

此为设计公司的样品屋，客厅沙发背景墙运用不锈钢、清玻璃做出虚实隔间的设计，不锈钢板上以去烤漆玻璃变透明玻璃做出品牌识别。施工上先进行玻璃隔间的设置，再将不锈钢板延伸衔接，修饰玻璃隔间的厚度，并以硅胶做最后结构接合。图片提供_界阳&大司室内设计

附录

设计公司及设计师名录

石坊空间设计研究／郭宗翰

石坊空间设计研究总监郭宗翰，毕业于英国伦敦艺术大学空间设计系，英国北伦敦大学建筑设计系，学成后，以建筑理论带入室内空间，开创使用原生材质、结合不同材质、空间结构运用等。室内设计发展至今，目前已不特别强调极简，而是在硬件线条的基础架构下，利用家具软装引入其设计语汇。以独特的设计观点在室内空间领域不断尝试突破，2010年被台湾专业空间类杂志评选为新世代（1971—1980年）当今业界具有特殊意义的室内设计师，在业界持续受到高度瞩目。

A 台北市松山区民生东路5段69巷3弄7号1楼
T 02-2528-8468
E info@mdesign.com.tw
W www.mdesign.com.tw/#/about_a/

禾筑国际设计／谭淑静

因为对设计的坚持，一路走来始终热情；因为女性特有的纤细思虑，得以更周详地关注空间的情感面，因为专业的素养，所以让设计更存在于无形之中，全都化为舒适的五感体验。禾筑设计的作品与人极佳的辨识度，明亮的采光环境、清新的空气流动加上质朴的色彩，让生活少了浮夸，多一些实用的功能，同时也让每一个家更有自己的表情。

A 台北市济南路3段9号5楼
T 02-2731-6671
E herzudesign@gmail.com
W www.herzudesign.com

森境建筑＋王俊宏室内装修设计工程有限公司／王俊宏

以"尊重居住者的生活"作为空间规划的基础，擅长以连贯性的设计承载琐碎的生活功能，引领出当代住宅内敛而沉稳的内涵。除了注重线面的设计外，设计团队对于住宅光线的明亮关系也相当重视，同时更能精准掌握建材的颜色、纹理、质地，让居住空间拥有自然人文风采。强调居家规划应符合居住者的真正需求与使用习惯，使其住的舒适而自在。

A 台北市中正区信义路2段247号9楼
T 02-2391-6888
E sidc@senjin-design.com
W www. senjin-design.con

开物设计 Ahead Design ／杨竣淞、罗尤呈

有别于主流以风格为设计初始，视每个案子为全新的设计，赋予故事、比例和味道，借由这彼此并存的关系，塑造出独特的空间样貌。

A 台北市大安区安和路 1 段 78 巷 41 号 1 楼

T 02-2700-7697

E aa.o.yang@gmail.com、julia5448@yahoo.com.tw

W aheadesign.com/

云邑室内设计／李中霖

在云邑设计的空间中可以明显感受一种剧场性格，其间的创意与冲突每每成为作品中不可或缺的提味元素，然而这些看似极具张力的视觉画面，通过设计师的整合、平抚后，却又能转化为优雅与和谐的氛围，并具有渗入平凡场景的空间深度与精神意涵，也让家更耐人寻味。

A 台北市中正区罗斯福路 3 段 100 号 11F-2

T 02-2364-9633

E st6369@ms54.hinet.net

W www.yundyih.com.tw/

九号设计／李东灿

九号设计注重结合艺术、场所及都市等多重文化议题，依循空间主体性质，演译空间的自然特性。我们认为每个空间应该有其自身散发出的一种特有的表情，这个表情除了建立在对空间组成的基本看法，更重要的是空间本身的使用性质及使用者对于空间的使用态度。如何为屋主打造其专属特有的住宅空间，是我们最主要的设计理念，不仅是质感的呈现，更重视空间的串联、配置，以增强家庭成员彼此间的互动关系。

A 台北市中山区龙江路 329 号 3F

T 02-2503-0650

E arc5@ms17.hinet.net

W www.9studio.tw

沈志忠联合设计／沈志忠

1998年毕业于伦敦艺术大学雀尔喜学院，2005年成立建构线设计。沈志忠认为，设计应追求原创，每个案子都应随着空间、时间与人而发展出不同主题。建构线设计多年来不断地发展，也相当重视人与人的交流，以及人与空间之间的关系。主张生活空间不应被表象的功能制约，而出现阻隔视线的隔墙或闲置空间。在保有宽敞与便利的同时，利用折叠的概念，将未来的需求尽量纳入现有空间；并通过细节的规划与施工，来展现生活与空间的精致美感。

A 台北市松山区民生东路5段69巷21弄14-1号1楼
T 02-2748-5666
E ron@x-linedesign.com
W www.x-linedesign.com

非关设计／洪博东

不设限的材料与设计、没有风格的风格，就是非关设计。主持设计师洪博东毕业于意大利Domus Academy设计学院研究所，曾任诚品书店美术设计、成舍室内设计主任设计师、台北科技大学建筑设计系兼任教师。对他来说，每个身分角色都是生活的一部分，缺一不可，生活里的经历过程，都是好设计灵感的来源。活着，每件事就是设计，不断挑战世俗制约，实验材料的可能性，继续为每个人创造独一无二的空间。

A 台北市大安区建国南路1段286巷31号
T 02-2784-6006
E royhong9@gmail.com
W www.royhong.com

近境制作／唐忠汉

关于设计师你有什么见解？有人形容设计师是富有创意且又理性的艺术家，也有人认为设计师是描绘美好建筑与空间的游吟诗人，然而在唐忠汉眼中设计师更像是导演。如果说空间是一个场景，那么室内设计就是写剧本和搭建电影场景的过程，而设计师所做的就是用这一幕幕的空间场景，为屋主说一个关于家的故事，并让所有人为之感动。

A 台北市瑞安街214巷3号
T 02-2703-1222
E da.id@msa.hinet.net
W www.da-interior.com/

大名设计／邱铭展

成立于2013年，承揽业务包括住宅设计、预售屋变更、商业空间设计、办公室设计、家饰布置等，以创新赋予生活美感，实践对品味的坚持。

E jensen.chiu@taminn-design.com
W www.facebook.com/taminnDesign

六相设计／刘建翎

六相设计擅长重新分配空间格局，将使用行为、习惯合理精准地与空间结合，达到空间使用的最大效益，不刻意堆砌昂贵材料，反能灵活运用原生材料，营造特有的空间氛围。另外，我们更在意生活态度的传达，通过设计过程，期望同步打造生活质感，让设计思考更加深入生活。

A 台北市大安区延吉街241巷2弄9号2楼
T 02-2325-9095
E phase6-design@umail.hinet.net
W www.phase6.com.tw/contact.shtm

形构设计／方俊能、方俊杰

享受设计的过程，勇于创新，喜于多方尝试各类的设计形态、材质，通过不断的设计磨合，激发出各种形式的可能性。创新实验性，追求形态上的合理化。

A 台北市士林区磺溪街50巷6号
T 02-2834-1397
E morpho0000@gmail.com
W www.morpho-design.net

尚艺设计 / 俞佳宏

秉持设计的艺术取决于空间动线、收纳、实用的便利性与风格的完美结合，具有十多年完整设计、工程经历，并具备建筑物室内设计乙级技术士资格。事前与屋主充分沟通、细心观察，为屋主清楚展现专属的空间性格，同时坚持技术专业第一、服务优先原则，让打造过程与实品一样愉悦动人。

A 台北市中山区中山北路2段39巷10号3楼
T 02-2567-7757
E shang885@hotmail.com
W www.sy-interior.com

大湖森林室内设计

绿设计、借景以及畸零空间的处理。大湖森林设计将户外景致延揽入室，在无形中达到放大空间的效果；而畸零、错层、歪斜的空间在处理上更能表现设计师对空间的敏锐度、掌握度，将空间劣势转化成优势，并借由绿设计的手法，将光影、风、绿意融入室内环境，使室内空间更加自然、轻松、舒压。

A 台北市内湖区康宁路3段56巷200号
T 02-2633-2700
E lake_forest@so-net.net.tw
W www.lake-forest.com

力口建筑 / 利培安

力口建筑创立于2006 年，专研空间本质上的个别性，从环境、人文及材料等方面，细部探讨合一的可能性，借由发展为现代空间的多元性。

A 台北市复兴南路2段197号3楼
T 02-2705-9983
E sapl2006@gmail.com
W www.sapl.com.tw

浩室空间设计 / 邱炫达

由室内设计与平面设计专业人员结合下的产物，不仅具有室内设计的深度，加上平面设计的美学相佐，量身定做、因地制宜，与业主充分沟通，了解生活习惯和需求，进而规划出最适合的居所。

A 桃园县八德市介寿路1段435号

T 03-3679-527

E kevin@houseplan.com.tw

W www.houseplan.com.tw/

东江斋空间设计 / 刘宣延

设计，没有标准答案，但是有标准流程，了解、感受、相信，再来一起创造属于您的设计。服务流程包括：咨商沟通、测绘规划、设计委任、工程阶段、验收交屋等。售后服务针对工程质量提供一年保障，定期回访，永续咨询及协助维修服务。

A 台北市内湖区石潭路27号8楼

T 0918-857-746；02-2793-9726

E aboz77@gmail.com

W rivercabin-design.com

里心设计 / 李植炜、廖心怡

相信每个空间都有它的属性，任何一种材料都有它的归属，不同题材都会延伸出无限可能。尊重每个人对自己空间的诠释，并借此了解个人喜好与想法。

A 台北市中正区杭州南路1段18巷8号1楼

T 02-2341-1722

E rsi2id@gmail.com

W www.rsi2id.com.tw/

KC Desogm Studio ／曹均达、刘冠汉

设计不只是解决与满足需求问题，跳脱单纯的形式，试图在不同空间中注入风格味道与潜在概念，让生活是舒适更是享受。

A 台北市中山区农安街77巷1弄44号1楼
E kpluscdesign@gmail.com
W www.kcstudio.com.tw

无有设计／刘冠宏

无特定风格立场，以业主需求（人）、场地环境（地）为思考核心，发展原创设计。结合物理环境、空间合理使用、人体人工学并满足业主需求，然后以设计手法来融合。

A 台北市信义区永吉路30巷177弄36号2楼
T 02-2756-6156
E info@woo-yo.com
W www.woo-yo.com

WW空间·设计／王紫沂、吴东叡

WW design（WW 联合设计事务所）为大玺室内设计及品品空间设计联合而成立的工作团队，现以全方位多元的设计面向定位，秉持着设计无界限的理念，设计领域包含住宅空间、商业空间、公共空间及建筑外观设计。不局限风格特色的空间创作，从极简到奢华，跨越中西，是WW design无国界无设限、体现创作力的设计宗旨。

A 台北市大安区济南路3段44号2楼
T 02-2752-2456
E
W www.wwdesign.com.tw/

纬杰设计／王琮圣

秉持专业的空间规划设计理念，坚持注重质量的责任施工态度，给予屋主舒适的居住环境，并强调与屋主之间的沟通，融合使用者的实际需求及品味喜好。

A 台北市中华路二段309巷1号4楼

T 02-2309-9498

E formzgod@yahoo.com.tw

W

法兰德室内设计、系统家具／吴秉霖．Brian

以如何创造出丰富且多元的空间，让居住者本身与房子产生联结的情感，并倾向从舒适角度和人性化功能去诠释空间的思维，提供给屋主的不仅仅是品味的装潢，更是崭新的生活感受与情感交流。服务项目包括现场咨询、空间规划、提供3D彩图、设计装修、完工现场照。

A 桃园县八德市中华路33号
台中市西区公益路60号

T 03-379-0108

E m700107@gmail.com

W www.facebook.com/friend.interior.design

图书在版编目（CIP）数据

混材设计学 / 漂亮家居编辑部著. -- 南京 ：江苏凤凰文艺出版社，2019.3
ISBN 978-7-5594-3288-9

Ⅰ. ①混… Ⅱ. ①漂… Ⅲ. ①室内装饰设计②室内装饰－建筑材料－装饰材料 Ⅳ. ①TU238.2②TU56

中国版本图书馆CIP数据核字(2019)第019431号

书　　名	混材设计学
著　　者	漂亮家居编辑部
责任编辑	孙金荣
特约编辑	段梦瑶
项目策划	凤凰空间/翟永梅
封面设计	张仅宜
内文设计	张仅宜
出版发行	江苏凤凰文艺出版社
出版社地址	南京市中央路165号，邮编：210009
出版社网址	http://www.jswenyi.com
印　　刷	北京博海升彩色印刷有限公司
开　　本	710毫米×1000毫米　1／16
印　　张	15.25
字　　数	244千字
版　　次	2019年3月第1版　2024年4月第2次印刷
标准书号	ISBN 978-7-5594-3288-9
定　　价	68.00元